陸潔民藝術收藏投資六講

收藏是深度的欣賞
投資是深度的收藏

陸潔民 著

藝術家

講投資

73

講市場

112

講經紀 131

講拍賣 152

講鑑定 176

序

在1995年代後期到21世紀初的十多年期間，我多次在往返台北、北京和上海的機場上，偶遇陸潔民先生。那個年代，中國大陸藝術市場崛起，藝術博覽會在北京、上海和香港舉行頻繁，也出現了熱絡的藝術拍賣會，當代藝術價格高漲，吸引國際的矚目。陸潔民經常到北京和上海，首先是以畫廊協會秘書長身分帶考察團赴北京、上海參訪，後來應聘出任北京藝博會顧問，並應邀前往北京中央美術學院擔任客座教授，講授藝術管理經營，在兩岸藝術市場交流發展熱潮中極為活躍。近幾年來，他在台北擔任藝術拍賣官，經常受邀在各地講授藝術市場經營與收藏的課程，成為一位在藝術市場深具實戰經驗的專家。

三年多前，我邀請陸潔民為《藝術收藏＋設計》月刊雜誌撰寫「文物專欄」，每期一篇，至今已達四十多篇，結集成《陸潔民藝術收藏投資六講》一書，六講分類為：講收藏、講投資、講市場、講經紀、講拍賣、講鑑定。內容從首篇〈風格就是藝術成熟的標誌〉到最後一講〈以悲劇的態度透入人生，以幽默的態度超越人生〉，對於有關藝術市場生態和收藏投資等問題和知識，都有相當實際、廣泛而精確的論說。

透過《陸潔民藝術收藏投資六講》這本藝術專著，普通讀者可以從中瞭解藝術收藏、投資、市場到拍賣鑑定的各種知識；專業的讀者則可以看到作者怎樣將藝術經營管理和拍賣市場實務方法貫穿在通俗表述中，帶給我們許多啟發性的觀點。

藝術家雜誌發行人
2013年10月

趙無極　火紅　130×195cm　1954-1955　巴黎龐畢度中心國立現代美術館藏

自序

　　1989年春天，當時仍在矽谷擔任工程師的我遇見了趙秀煥老師，下班後開始跟著老師學畫，也開始對藝術產生興趣。我覺得對藝術的喜愛似乎都存在我們每個人的心中，只是我們或許不夠堅定、才情不足而沒有走上創作之路。但因為這般偶然的相遇，我因而了解覺得自己有興趣的事即是最大的幸福，加上過去童年生長環境及父母的開放式教育，也提供了我自由選擇的機會。

　　有一回，與老師前往舊金山金門公園內的亞洲博物館欣賞水墨收藏展，其內展出有八大山人、潘天壽、吳昌碩等人的作品，老師從構圖解說開始帶領我觀畫，引發我的興趣進而開了竅。繪畫欣賞要素有三：線條、色彩、構圖，老師於構圖的解析中展現了極高的修養，與擁有電子工程師背景的我的邏輯觀念不謀而合，觸發了我埋藏在內心深處對藝術嚮往的小萌芽。假使當初老師是自線條、筆墨，抑或色彩感覺起頭，對於沒有經過科班訓練的我來說，或許就會造就出不同的結果。興趣被提起之後，老師又推薦我閱讀潘天壽的著作——《談藝錄》，使我在繪畫的構圖及欣賞上產生了些基礎，後來回想亦無疑地幫助了我在拍場上對於作品的解析。我認為一名好的老師是懂得激發學生的興趣，而非以龐大的功課將學生嚇跑，初向老師學畫之時，她拿了張宋徽宗的作品讓我臨摹，搭配上古琴的音樂，使我浸潤於繪畫的樂趣之中，且在陪著老師到處寫生的過程中體悟到創作的純粹，因此得感謝老師的誘導與知遇之恩。

　　而後隨著六四天安門事件爆發，大陸學者、專家皆留在美國，趙老師也因此面對生活的問題，我也為此事件所激發，希望照顧老師的生活，遂而成為替老師賣畫的經理人，參加博覽會，開始感受畫商賣畫的感覺。1992年與敦煌畫廊合作，舉辦了趙秀煥於台灣的第一次畫展，也使我與台灣的市場接上線，亦促使於隔年決意留職停薪，進入藝術市場。1998年至2001年返回台灣擔任畫廊協會的祕書長，並開始帶考察團前往北京、上海

趙秀煥老師寫生　1993

趙秀煥　蕭颯　1989

陸潔民與趙秀煥老師合影　2013

參訪，剛好趕上了兩岸藝術市場交流的發展熱潮，於是卸下秘書長一職後勤跑北京，2004年始擔任北京藝博會的顧問，兩年後又應北京中央美術學院之邀，於藝術經營管理班擔任客座教授。並且於2006年起在台灣擔任拍賣官，種種經驗造成自己於市場中每個環節的接觸，見識到藏家並感受到經營畫廊的甘苦，更能體會藝術家的辛苦。一切都是巧合與緣份引領我一步步進入藝術市場，進而鍛鍊了表達能力並發揮個人特性，性格也因此改變。

　　也感謝何政廣先生給我這個機會，將自身從外行進入藝術領域的經驗、於市場中的觀察心得、接觸藝術後產生的種種感受等，分享予所有血液與基因中對藝術有興趣的讀者。

講收藏

風格就是藝術成熟的標誌

在2008金融海嘯發生之前，中國當代藝術市場爆衝的那幾年，有人問我：「什麼是當代？怎麼去挑畫？」我說除了天王及明星之外，我不知道要怎麼挑畫了，因為我在市場上看到的亂象是：只要是觀念多一點，膽子大一點，美學少一點的當代都能賣。經過金融海嘯衝擊之後，現在進入後海嘯時期，當代受到很大的檢驗，投資人因為對當代的不穩定而採取觀望的態度，所以熱錢流向沒有阻力的地方，選擇中國古近代水墨書畫。

如何去挑選畫作，簡單的答案就是挑你喜歡的，但是問題是你的審美能力是否達到專業標準，而不致於會買到假的或是高出合理定價的藝術品。所以看畫必須要了解這個藝術家好在哪裡，了解藝術的上下個脈絡，才能知道要如何去挑選。

風格就是藝術成熟的標誌，藝術創新是「think creatively」，成熟是「do excellently」，風格即是這兩者的相加。而具備能夠改變一代人的欣賞觀念的風格，就是大師的定義。藝術家在有了創意觀念之後，要假以時日不斷地完善它，更要被藏家肯定、被市場接受，還要能夠改變一代人的欣賞觀念，才能走進藝術殿堂，被稱為明星、天王，經過幾次大浪淘盡，還能夠屹立於市場之中，進而成為大師。

所以後海嘯時代，人們再問我如何挑選畫，我就列下：第一是觀念，第二是哲理、第三是技術、第四是美學、第五是材料，再加上三項附帶的條件：設計味、裝飾性、時尚感。第一，當代的創作必須要有新的觀點，

● 香港亞洲藝術博覽會亞洲畫廊展區展出作品一景

11

有了觀念了以後，尚需付予哲理的內涵，並接續於這個觀點下做實驗，藝術家就像是個發明家一樣，發明一個前所未有的風格，繼而不斷地去完善他。

第二，哲理，必須要耐人尋味，繞個彎，用比較有深度的方式去表達觀點。能否引起觀者的經驗回響，就是逸品、妙品、精品、能品、一般品、劣品和贗品之間的差別。一個藝術家的創作，不可能張張都是神品，你必須要有能力挑出其中的藝術精品。一般畫廊老闆與藝術家簽約之前，都需要了解藝術家創作「精品比例」的高低，也就是每年能夠挑出來辦展覽的作品到底有幾件？

第三，從「線條、構圖、色彩」的繪畫三要素中可顯現一個藝術家的技藝錘鍊，除了技術、線條的磨鍊、構圖的悟通、還有色彩的天分之外，還要勤奮執著的努力。第四，美學概念會使藝術家的技術統合，意即其涵養的高度。第五則為對材料的了解和運用，此點在當代藝術中也十分重要。

另外三項附帶的條件，設計味、裝飾性、時尚感也是選擇收藏品的關鍵因素。在當代發展的今天，我們發現design art work跟當代藝術已經沒有界線了，許多設計師已經是藝術家，當代雕塑中也可以感到設計的能量。其實畢卡索、高更、梵谷的作品也都帶有裝飾性，重要的是不失藝術性的內涵，如果沒有觀念、哲理、技術、美學的輔助，就是一件工藝品而已。而時尚感就是脫離土味兒，愈是沒有土味兒的，在市場中表現愈好，愈能夠被收藏及展現在個性化的室內設計環境當中。

舉例來說：常玉最精采的一幅畫，我覺得還是2009年佳士得春拍裡的〈貓與雀〉，常玉的這一張作品何得以成為經典並拍到4210萬港幣呢？我覺得常玉在巴黎的創作中，極簡的觀念造成了他為常人所不敢為，走出了自己響亮的道路。常玉的畫作裡，用簡單的色調，傳達了中

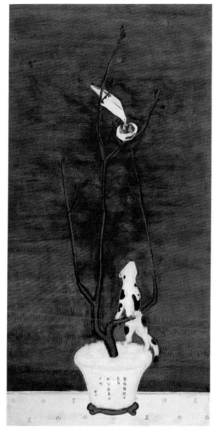

常玉的〈貓與雀〉（左圖）有宋代崔白〈雙喜圖〉（右圖）的趣味，又有著常玉對家庭渴望的造境構圖安排，充分表現傳統文人對大自然的體悟及小中見大的情懷。花盆上的詩句及桌布上「長壽如意在眼前」的吉祥圖案，都反映著常玉豐富的內心世界！

國傳統文人對大自然的體悟及小中見大的情懷，觀念、哲理、技術都沒話說，另外尚以符號為畫作加上設計、裝飾和時尚感。

　　挑選藝術品，還是需要學著如何看懂藝術品，應該了解藝術品好在哪裡，欣賞藝術品可以只憑直覺，但是「當你理解它之後，你才能更好地感覺它！」如同第三階段的「見山是山」的領悟。因此，我們在挑選對的藝術家與好的作品時，必須要清楚地了解風格的定義是藝術成熟的標誌，而大師的定義則是具備能夠改變一代人欣賞觀念的風格！大師的四大要素應該是「大天才、笨功夫、修養深、壽命長」！

修煉善於欣賞的眼睛

藝術品是藝術家嘔心瀝血、激情創作的精神產品，也是欣賞者滿足精神需求的食糧。欣賞是主動積極的審美過程，藝術愛好者在欣賞中則提高了審美情趣和藝術境界。

近幾年來，藝術市場的蓬勃發展，引發人們對於藝術投資的興趣，媒體時常出現某藝術作品數年間價格翻了幾十倍甚至幾百倍的報導，這類的報導容易刺激人們、誤導他們將藝術投資與股票、房產投資混為一談，這會是一個誤區，也會讓人買錯東西。藝術投資並不是光有錢就可以做的，它的關鍵在於慧眼及膽識，必須有眼力才能押對寶，眼力就是鑑賞力，且必須有魄力，才能敢於在對的時機出手，而要有魄力則必須具備一定的財力，還要對市場有充分的了解，更重要的，是對自己的審美能力有一定的自信。因此可知，鑑賞力是進行藝術投資的關鍵。

如何提高鑑賞力？沒有速成，只能多聽、多看、多問、多讀。「聽」是最容易產生興趣的，但是「看」才是最關鍵的。資深鑑賞家會告訴你，想精通藝術，只有「多看！多看！多看！」大英博物館在幾年前曾經做過統計，一般民眾在作品面前停留的時間平均是6.7秒，

◐ 畢卡索　女人與小孩　油彩、畫布　146×113.7cm　1961

· 這張畫是呈現畢卡索與第二任妻子賈桂琳結婚之後，雙方與其各自與前任配偶所生的小孩組成的新家庭。妻子賈桂琳兩個面的表情，同時有喜悅和憂鬱，而兩個小孩與母親的肢體關係，也暗示了一個新家庭的互動關係。觀賞者從畫中的線條、構圖及色彩，了解藝術家所欲表現的意涵，也累積了對藝術品欣賞的感知力。

而二十年前大約是15秒，也就是人們在作品前欣賞的時間縮短了超過一半。這代表在博物館中欣賞藝術品的品質降低了，也可以說大部分民眾在離開博物館時，就也忘記了他所欣賞的藝術品。

成熟的鑑賞家，可以在短時間內判斷作品的好壞，是因為他們的視覺記憶庫已經相當豐富，他們「看」的工夫已經爐火純青了。「看」的動作包含了很多層次，是深層的欣賞，包括了眼、腦、心與靈魂的活動。用眼看時是視覺上的感知；要看得再深刻一些，就要在作品前多「逗留」一會兒，用「腦」來對作品的線條、構圖和色彩進行「研究性的欣賞」；用「心」去欣賞，則是在情感上對作品進行感悟；直到當作品進入靈魂時，潛意識將被作品震撼。

事實上有許多藝術發燒友，常常在一件心儀的作品前站上半小時，有時更久，希望能完全感受到這件作品的創作精神。如果想把美術館心儀的作品「帶走」，就必須用心去看，只有認真徹底地欣賞，它才會進入你的視覺記憶庫，心靈才能擁有它。同時，看得愈多，累積得就愈多，你的想像力才愈強，感官能力也才會愈強，而審美能力才會提升。

修煉善於欣賞的眼睛，是一條通往精神家園的路，雖然這是條漫長的路，但是在這路途上就是幸福的。要提高審美能力，就必須要鍛鍊感知力、想像力及解析力，而看展覽就是對這三種能力最好的鍛鍊。

對剛入門的朋友建議正確看展的方式是，走到作品前，暫時不聽

🔵 雷諾瓦　勒岡小姐　油彩、畫布　81.3×59.7cm　1875

‧欣賞畫作一定要看原作，畢竟畫冊無法真實傳達顏色的層次。像是這張畫裡背景藍綠色的深沉，在這裡高明地襯托出人物皮膚的粉嫩；衣褶曲線的構圖讓整張畫作充滿流動感，以及空間的呼吸感。

導覽、不看說明，給自己的直覺大約15秒的時間「瀏覽」，感受作品出自靈魂的高頻正向能量，問自己是否喜歡這件作品，這是感知力的鍛鍊。然後在作品前逗留5到10分鐘，欣賞線條、構圖及色彩，透過老師或是語音導覽和說明牌，了解作品創作的作者及時代背景，發揮想像力，對心儀的作品創作和表達進行欣賞性的研究：線條代表著藝術家在寫生技法上所下的工夫，可看出藝術家在造形及變形的表現功力；構圖是表現於藝術家在畫面安排上是否平衡及耐看，是需要有悟性高明的修養，色彩是藝術家才氣及天賦的表現，響亮的不是顏色，而是調子！調子是顏色的搭配，是情感旋律的表達。這樣深入的欣賞，作品就進入你的視覺記憶庫，而庫存作品愈多，想像力愈豐富。最後，鍛鍊你的解析力與表達能力，引發社交話題，與好友或是家人分享欣賞藝術品的心得。分享心得的過程亦會加深你的記憶，且藉由聽到別人的感受，進而提高審美能力。

　　所謂「外行看熱鬧，內行看門道」，欣賞性研究就是看懂藝術作品的「門道」，進入藝術品欣賞的學術境界。用善於欣賞藝術的眼光去發現生活周遭的美好，以積極的態度去創造快樂的人生，這就是藝術欣賞的最高境界。

趙秀煥　菊花寫生　1994

想像力是深度欣賞的靈魂

　　曾去看了北美館的一場高更展，發現大多數觀眾是走馬看花、心不在焉、視而不見，我覺得有點可惜。當國民平均所得（GDP）愈來愈高，人們的精神需求就開始了，因此近來許多民眾對於藝術很有興趣，也願意掏錢去看展覽，但是當他們從畫前快速走過去，感知很薄弱，短暫的時間無法用心看，更不用說進入視覺記憶庫了。那麼，到底應該怎麼看？

　　我曾說過「修煉善於欣賞的眼睛」，講到深度的欣賞，第一要能感受，第二個是會想像，想像力是深度欣賞的靈魂。我們就從高更的好朋友梵谷開始說明：在荷蘭阿姆斯特丹的國家美術館，有著一張林布蘭特的〈猶太新娘〉。梵谷在阿姆斯特丹時，曾坐在這張畫前面，欣賞良久。他甚至曾經激動地寫信給他的弟弟西奧說：「我希望在〈猶太新娘〉這幅畫前面待上一個禮拜專心地看，如果讓我少活十年也願意！」從這張畫裡，一般觀眾看到了什麼？梵谷又看到了什麼？梵谷看這張畫為什麼那麼激動？

　　梵谷在看這張畫的時候，渴望愛情的他，被新娘、新郎兩人所營造的氣氛給感染：新郎以代表激情的黃色華麗服裝表現，新娘身著的則是代表熱情的紅色，背景昏暗，聚光在新郎新娘身上。但在這裡，可以明顯地看到女人是主角，一臉滄桑的男人側過來了靠近她，女人的表情很靦腆卻帶著期待，一種複雜且害羞的神情。新郎左手搭在新娘肩上，表達出要呵護一輩子的人類大愛，但是，他的右手卻放在一個尷尬的位子上面──女

人的胸前，這肯定是讓梵谷心動的重點。

在巴洛克時代，女人的珠寶首飾，常常是男人送的定情物，所以林布蘭特很巧妙地把男人的乙手放在送給這個女人胸前的鍊子上，代表是私密的愛；而女人的左手搭上男人的右手，接受這個私密的愛，另一手放在腹部，暗示著會負責任的為這位丈夫生下愛的結晶，組成一個完整的家庭。所以我認為，感動梵谷的一定是這些充滿感情的色調所營造的氣氛、精準線條所構成的神情，還有構圖、首飾等細節的用心處理，描繪出兩人的深情。構圖裡，這四隻手放置得恰到好處，不可能再有更好的安排了！觀眾不妨也跟著梵谷的眼睛進入這張畫，透過他的眼睛，教導我們怎麼欣賞這幅畫的內容。

審美本來就是主觀、個人移情作用，端看個人的經驗與敏感度。看的好畫有多少，或是電影、小說的多少，對於想像力的發揮都有影響。以梵谷來說，我們知道他在詩、小說的文學領域裡有很好的修養，所以他可以細膩地去進入深度的欣賞。

回過頭來，難得台灣有這麼多好的展覽，我們是不是應該也像梵谷一樣，用心地、認真地去對待我們的觀賞？我們以相同的方式，回頭觀賞高更的〈三個大溪地人〉一畫；如果跟著梵谷看懂了〈猶太新娘〉，觀者便也能理解高更想畫的絕對不只是三個大溪地人而已。

在我看來，畫面中的一男二女，有著戀愛的複雜三角關係，我認為他談的是「選擇」。當然，高更和梵谷不同，他也有自己的語意。畫面上的男人背對著觀眾，看似唯唯諾諾地低著頭看向左邊，同時看似羞愧地迴避右邊女子的眼神，尤其是男性觀者可能特別可以感受到，這男人就像是自己的投射，自己彷彿進入了畫面。

於是故事情節出現了，男人選擇了左邊的女人，但另一個女人卻拿著花從那邊走過來，三人在路上相遇。右邊這一位（可能是男人之

林布蘭特　猶太新娘　油彩、畫布　121.5×166.5cm　約1655　荷蘭阿姆斯特丹國家美術館

前愛的女人）手捧著花是要去敬神。但是，這幅畫點題的關鍵點是，她手中依舊帶著--只貝殼戒指，象徵了他仍舊珍惜這段過往的戀情。另一方面，左邊的女人，手上拿著一顆綠色的蘋果，穿的衣服和一般大溪地女人服裝不同，反而更像是古希臘式的服裝，因此很容易讓人聯想到希臘故事中代表永恆慾望的金蘋果；她勝利的神情加上看向觀眾的眼神，卻又象徵某種不安的懸念。這個起承轉合的呼應，讓我們在看這張畫、進入想像情節時，而更能理解畫面中，種種構圖、色彩安排的目的與意義。

高更　三個大溪地人　油彩、畫布　73×94cm　1899　英國蘇格蘭國立美術館收藏

　　當然梵谷和高更不管是個性或是畫風都是十分不同的，前者充滿感性、個性單純直接，後者則因為其個性及證券行背景，處事較為嚴謹而理性。不管這兩位大師是不是因為畫風的風格迥異而相互批判，但他們其實對於環境的敏感度都是超過一般人的，並且也善於以繪畫表現。如果觀眾能夠珍惜參觀這些國際畫展的機會，細細品味每一幅畫的深刻意義，做深度欣賞，這也才不會浪費了每個人心中所儲存擁有的想像力，藉藝術作品與藝術家產生同頻共振的關係。

大師的四個要素

大天才、笨工夫、修養深、壽命長

2011年，在台灣正好有三位大師——莫內、夏卡爾、齊白石——的特展，所以想趁著這機會，與讀者談談有關「大師」的議題。從此角度切入，主要是讓有意踏入收藏者，在選擇藝術家與其作品時，能依循這些原則判斷，希望以下這番話，能對讀者有所啟發；而針對藝術家而言，若選擇終身投入藝術、堅持在這條路上持續創作，也能有個方向。所謂大師的定義，我在之前的文章有提過，即是必須具備「能改變一代人欣賞觀念」的風格，換句話說，也就是必須要有獨創的風格、發明一種前所未見的視覺語言。

而我認為，成為大師的四個要素，即是大天才、笨工夫、修養深、壽命長。為何強調天分為先呢？因為沒有天分，只有勤奮的話，那麼大師就不會只是鳳毛麟角了，過去各流派的大師，大都具備這樣的要素，除席勒、梵谷、莫迪利亞尼少數畫家是例外，他們在極短的時間，如井噴式、爆發式的才華湧現，活得像彗星一樣短暫，這在藝術史上是少有的。做為一個大師，必須要具備能改變一代人欣賞觀念的風格，就算風格出現還不夠，還要滿足「專家點頭、同儕認可、觀眾鼓掌、市場接受」四個條件，才有資格被稱為大師。

第一、大天才：具有創造鮮明獨特風格的能力。一些流派的領導者或大師們，皆在很年輕時，就形成其獨特風格，在早年時，就讓眾人看到他專業的成就，其實這就是個大天分的表現。例如莫內在十五歲時，就已經是個知名的諷刺人物漫畫家；夏卡爾在十三歲時，其素

描、幾何都已奠定良好的基礎；而齊白石在十五歲做粗木工、十六歲做細木作，三年就出師了，他們三人皆是在年輕時就嶄露頭角，並到四十多歲時，皆已名利雙收。像莫內的睡蓮池塘，給了後人寧靜祥和的生動傳說；夏卡爾的鄉愁與愛的幻象，頌讚人生奇妙的絢麗色彩詩篇；齊白石的「造格著色異於造化，真人巧勝天」，妙在似與不似之間的藝術追求，對後人有更深的啟發與省思。完美不是行為，而是習慣，所以大師都是天生愛好藝術，創作才能持續不間斷，真正的大師，會走這條路都是命定、心無旁鶩的。

第二、笨工夫：除了百分之百的天分，還需要有百分之百的努力，下足功夫才能產生難以取代的技法。即是喜歡再加上執著，就變成有點傻勁的堅持，若沒有一點傻勁，不可能很勤奮地持續做一件事，這也是從興趣演變為習慣的過程，能心無旁鶩、堅持所好、持之以恆，這是需要一點傻勁的，要把基本功、馬步練好，才能產生難以取代的技法，這就是笨工夫磨練出來的。莫內從小就成名，但他一生不斷地畫、不斷地感受光線的變化，三十二歲時畫了著名的〈日出印象〉，五十歲時完成「麥草堆」系列，五十二、三歲時，則不斷地在畫不同光線下的「盧昂大教堂」，共畫了三十多張，這不是笨工夫是什麼？夏卡爾一生也不斷創作，只有妻子去世時，中斷一陣子（因為他以愛為能量，不只是因為失去老婆而傷感，而是失去「愛人的狀態」，令他很痛苦）；齊白石將芥子園畫冊臨摹到透，三十八歲時，在地方上就開始出名，很多人都向他求畫。

第三、修養深：良好的品格與修養。當藝術家的修養夠深時，在線條的逐步提升、構圖深刻的領悟過程，以及在色彩感覺深刻的研究後，都會達到更深的境界，所以看老畫家晚年的作品，其色彩、線條、構圖，皆會走到爐火純青之境。隨著生命的變化，夏卡爾到

了晚年，把涵養放在版畫上，畫作則簡單了起來；而莫內的畫作，到了晚年反而複雜、抽象起來，當然與他的白內障手術，以及他一生研究色彩有關；齊白石一生在追求妙在「似與不似」之間的筆墨精神，晚年的蝦，筆觸更老辣，又更沒有火氣，因為他們人生的修養隨著生活，也成就了他們的藝術作品。

第四、壽命長：其實跟藝術家的專注力有關，通常來說，畫家的壽命都普遍地高，因為鍛鍊複雜的頭腦、保持一顆單純的心，同時在不斷創作的過程裡，生活也產生了很規律的運作，專注在畫畫的狀態，就如同練氣功打坐是一樣的道理。這樣的恆心毅力，形成習慣性的規律，而在這個規律當中，屏氣凝神作畫的過程：呼吸、吐納、專注的內在、高興的心情，成了一種練氣功的狀態；這種狀態，無形在養身，所以畫家會長命，普遍來說是有跡可循。莫內活到八十六歲，齊白石享壽九十七（其實只有九十五，因為他刻意避過七十六的

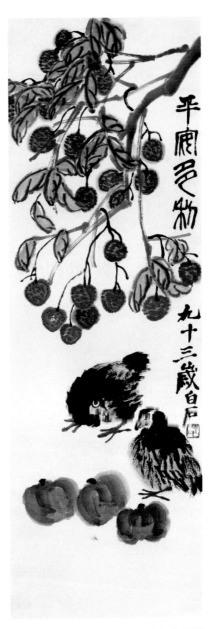

齊白石的〈荔枝鵪鶉圖〉，從右上角提款「平安多利」，經過荔枝到兩隻鵪鶉，轉到三顆蘋果上，讓氣可以收回；下面一組攢三聚五，呼應上方的荔枝。齊白石的花卉、蝦子、螃蟹，也常使用類似的構圖，其S形的構圖修養，全盤考慮起乘轉合、參差錯落、疏密聚散、知黑布白之章法，筆墨韻味靈動、妙在似與不似之間。

莫內
日本橋，綠之諧韻
油彩、畫布
89×93cm　1899

大劫）；夏卡爾有著複雜的頭腦、單純的心，一生又有老伴照顧，所
以也活到九十八歲。

　　所以將大天才、笨工夫、修養深、壽命長這四個成為大師的要
素，在這裡與所有收藏家與藝術家共相勉勵。其實從老畫家的畫，能
了解他的生平、內在感受，受到感動後，我們也可以讓自己的人生達
到這樣的狀態，把看畫達到一種修練氣功的狀態，感受到這些大師們
的能量，讓自己也能夠腦筋複雜、心變得單純。看畫有這種啟發，你
也可以有複雜的頭腦，運用在工作上；但對待你的生活，則要規律、
把心機拿掉、真情流露，從夏卡爾的畫作，就可以學習、感受得到。

陳澄波的藝術特質

畫如其人

陳澄波，是第一位以西畫入選帝展的台灣籍前輩畫家，在接近他的一百二十歲誕辰之際，讓我們來聊聊陳澄波吧！

我與陳澄波的連結是始於〈上海造船廠〉一作，我父親是浙江人，當年從浙江坐船至上海參加考試時，無意間在甲板上撿到了一份報紙，其中廣告寫的是海軍機械學校成立，又有電子工程主修，深受廣告吸引，而後便選擇進入海軍機械學校就讀，然而僅上了一年課戰爭就爆發了，因此跟著軍校來到台灣，和浙江老家也一別五十五年。父親退休後我陪他回老家探親，後轉往上海，他說曾經在上海讀過書，想去找找看學校教室是否還保留著，結果，果真找到了緊挨著江南造船廠旁的紅色樓房，這幢樓就是〈上海造船廠〉畫面中的紅色房子，當時是海軍練兵營，從陳澄波作畫的1932年一直保存到今天，而我父親念書的時候是1947年。對我來說真是很有意思，看畫時也就找到了一些連結。

接著是我改行的1992年，時任外交工作的父親被派駐在荷蘭，而阿姆斯特丹的梵谷美術館正在舉辦梵谷逝世100周年展，母親替我買了一張票，看完了這個展後我便決定停薪留職投入藝術領域，所以梵谷也正是我第一個詳細了解的藝術家。梵谷的藝術創作生涯受到弟弟的全力支持，弟弟過世後與伯父有著相同名字的侄子威廉亦繼承父親的職志，負起讓世人了解梵谷的創作的責任，梵谷美術館也是在他的努力與堅持下成立；這段歷史也讓我聯想到為推動陳澄波作品而努力的陳重光與陳

陳澄波　上海造船場　1932

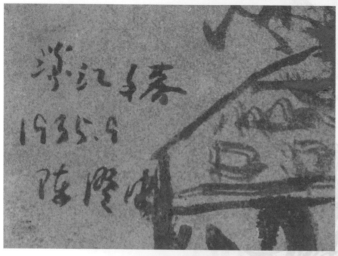

陳澄波　淡水夕照　油彩、畫布　91×116.8cm　1935

◎ 我所收藏的陳澄波紙本水墨速寫〈淡江夕暮〉（左頁上圖。下圖為簽名局部），與陳澄波油畫〈淡水夕照〉（◎ 右頁上圖）對照取景相同。（圖版提供／陸潔民）

立柏父子，而恰好陳立柏先生的生日也和他祖父陳澄波一樣是2月2號，生命中總是有一些難以解釋的連結。

　　我是從認識梵谷而了解陳澄波的，總是耳聞陳澄波的畫醜醜的，像是出自素人之手、基礎很差等說法，我認為這是出自不了解所產生的誤判，事實上他跟梵谷非常相似，皆極力於作品中表現自己的個性，也就是說他們都是「畫如其人」，都是用生命作畫的藝術家，他們的作品是出自其個性、才氣、勤奮及純真的表現力，簡單地說，我認為「別人是畫一張美麗的臉、而他們是用心中的美麗去畫一張臉」。陳澄波曾說：「將實物理智性地、說明性地描繪出來沒什麼趣味，即使畫得很好也缺乏撼動人心的偉大力量。任純真的感受運筆而行，盡力作畫的結果更好。」這從他進入東京美術學校學習學院派技巧，卻努力追求不受技巧所囿，表現內心所認為的美，即可看出端倪。因此當美術史學者謝里法稱陳澄波為「學院派的素人畫家」，並不是意指他為未受過專業美術訓練的素人畫家，而是對其在學院環境的深刻影響之下，還努力追求自我的一種讚詞。

　　而後陳澄波又表示：「我所不斷嘗試，以及極力想表現的是一自然和物體形象的存在，這是第一點。將投射於腦裡的影像，反覆推敲與重新精煉後，捕捉值得描寫的瞬間，這是第二點。第三點就是作品必須具有Something。」他把所看到的影像投影在自己的腦中，藉由不斷的感受，方能把潛意識裡的能量提煉出來；這就是出自靈魂的感染力，他所說的這個概念與梵谷的表現主義創作其實如出一轍。陳澄波在東京美術學校受到西方外光派的影響，同時又保有八大山人和倪雲林等國畫大師的遺韻與筆法，另一方面更融入了日本細膩微觀的民族性和台灣的炙熱與本土性，於不同地方所做的作品彷彿出自不同人之手，在在證明他是以心中的美表現眼之所見，藉風景畫內心；他的創

作理念來自生活而超越生活，外在感受與內心表現相輔相成，因而造就集結多方影響的作品。

我與陳澄波的第三個連結發生在1999年。擔任畫廊協會秘書長之餘，我會去逛逛古董店，那時喜歡收集書法，一天在古董店瞎晃時看到一張放在框子裡的畫，以潦草筆觸勾勒海灣與樹，又以深淺不一的墨色來表現樓房，一看落款就令我非常興奮，便以當時大概四幅于右任小對聯的價錢買下了這張毛筆寫生。自到2007年香港佳士得以2.12億台幣拍出陳澄波的〈淡水夕照〉，我才想起這件往事，回家翻箱倒櫃找出了那張寫生，仔細一對照，構圖大致相同，認為應是其作〈淡水夕照〉之前的毛筆寫生，我也因此開始了對陳澄波作品的深入認識。後來結識了陳澄波的孫子陳立柏，我就把這幅畫給他過目，請教家族是否留有陳澄波的毛筆寫生作品，以對照筆法與筆路，陳立柏後來寄了七張陳澄波的毛筆寫生作品圖檔供我參考，不論是簽名的筆法、近似倪雲林作品的樹木勾勒、落款時間的數字寫法等，都啟發加深我相信這張寫生稿的真實性，這幅毛筆寫生將出版於陳澄波圖錄之中，那麼陳澄波最高價的那件作品名稱就應該要改成我手上這件寫生上的題目〈淡江夕暮〉，而非〈淡水夕照〉啦！收藏的樂趣就是你永遠不知道會在哪裡碰到什麼東西，我也深刻地體認到不是人找東西，而是東西找人。

我寫這篇文章的目的只是為了敘述這些奇妙的經歷，以及我最初在古董店決定買下此幅寫生時的關鍵：對筆法與紙張老態及書法簽名的基本判斷。因為這張畫及對其研究的過程中結識了陳立柏先生，也得以更深入了解陳澄波這位「書如其人」的傑出台灣前輩藝術家，更希望政府與民眾能夠了解與珍惜。

瘋狂達利喚醒了我們的潛意識

達利　空間維納斯　銅　63×61×123cm　1977-1984

　　2012年時我去看了「瘋狂達利」特展，感受到藉由達利充滿象徵性的作品能夠喚醒潛意識對於美的喜好，因此我想藉著看展的機會來聊一聊潛意識在對於選擇藝術品時的影響。

　　達利的超現實主義事實上早期受到弗洛伊德學說的影響，作品因此充滿著象徵手法，例如〈空間維納斯〉一作，維納斯在古希臘神話中被視為美和善良的化身，在達利的手中卻被一只軟化的鐘錶、一顆蛋和兩隻螞蟻分成兩截；從頭垂下的鐘說明了肉體之美是短暫的，藝術之美卻是永恆的，螞蟻則是人類道德短暫性的象徵，

達利常用牠們來標示死亡的意義，一顆金亮的蛋被放置於維納斯錯位的下半身的剖面上，卻象徵著一個新生命的誕生。另一幅作於1931年的作品——〈記憶的延續〉，畫面中央的枯樹及似馬的屍骸，再加上沉悶的色調使人感受到戰火洗劫後的荒涼，柔軟的鐘錶形似麵包上的煎蛋或是軟化的乳酪，使時間停留在象徵死亡的一刻，帶出了記憶的延續，呈現在潛意識的夢中。藉由欣賞達利作品中對於潛意識及夢境的探討，也啟發了我們對潛意識的再一次認識。

很多家長帶孩子去看展覽，其實就是在做一個潛意識的訓練，我們說愈欣賞愈懂得欣賞，也就是受到潛意識的影響。我認為藝術教育是很難的，要是一個人潛意識裡面沒有這種因子的話，其實學起來是很困難的；因此要教育一個不喜歡藝術的人親近藝術，我覺得是不太可能的，但是去喚醒一個人潛意識裡對藝術的喜好，是有可能的，也正是老師們的作用。潛意識的力量是很大的，若說潛意識是一座冰山的話，意識就只是冰山的一角，但由於後天所受的教育和不當的壓力，往往把潛意識關起來了。弗洛伊德說人在人格與精神上可以分為本我、自我、超我；「本我」是需求，「自我」指的是計畫與思考的過程，「超我」則是良知、潛意識的影響，最後做決定的一剎那還是取決於「超我」中天生加上經驗的耳濡目染。讓孩子學畫或音樂，不一定是希望他成為畫家或音樂家，而是希望藉著音樂與繪畫來開發他的潛意識，因為潛意識很奇妙地需要在一個健康、放鬆、喜悅、自在的狀態下才能培養出能量，所以從小藝文方面課程的鍛鍊，其實是累積跟開發潛意識能量的過程，並從中培養興趣與選擇的能力。

我們去美術館、博物館欣賞藝術作品時，其實不應處在一個嘈雜、擁擠、緊張的環境之中，而該是在自在、喜悅而專注的狀態之下進行，才能使潛意識真正地接收到訊息，給潛意識與藝術作品交流的

機會。出自靈魂的作品才會感染靈魂，在走馬看花、心不在焉、視而
不見的情況下如何能夠欣賞藝術品，並接收到潛意識的能量？在這樣
的情況下那些作品是絕對無法進入視覺記憶庫的！美國科學家研究
報告曾經指出一個影像進入初學者的視覺記憶庫至少需要15秒鐘，當
然，受過高度訓練的專家或許5秒鐘就已經足夠，但一般民眾以這樣
的方式看展其實是等於沒看、瞎看，也就失去了審美的意義了。因此
導覽的目的一來是為了幫助參觀者理解作品，但最重要的或許是把參
觀者留在作品前面，給潛意識真正接受訊息的審美機會，累積判斷與
選擇的能力。

　　我於本書中一再強調：「要鍛鍊複雜的頭腦與無常打交道，要保
持一個單純的心面對選擇」，這個單純的心為的就是要保護好潛意識
的能量，讓它得以發揮，而潛意識的鍛鍊要是以接觸藝術來說的話，
就是不斷的欣賞，畫廊的展覽、博覽會、美術館等等，其實也都是在
傳遞與接收訊息，讓人們自行去擷取以後與潛意識互動，所以潛意識
的能量指的也就是長時間累積的判斷力、審美能力。

　　若把潛意識理念運用在市場裡的話，與真、善、美三個概念是
有所呼應的。潛意識用在藝術創作上是最好的，是靈感的泉源，藝術
家的「本我」讓他走上創作這條路，但幫助他創作的靈感卻是來自
於「超我」，那些時常乍現的靈感，事實上是潛意識稍微釋放出的訊
息，所以藝術家的「真」絕對來自一顆單純的心。假使他的潛意識沒
有這種本能或長期積累的能量，他就會用「自我」經過大腦去迎合市
場，創作出好像可以銷售，但是卻無法藉由藝術性感染人心的作品，
所以藝術家的創作過程中的「真」指的其實也是潛意識的培養。畫廊
老闆做生意、求生存是「本我」的需要，創意行銷、經營策略是「自
我」的思考，而理想與良知卻出自「超我」，收藏家欣賞藝術在選擇

達利　記憶的延續　油畫畫布　24×33cm　1931　紐約現代美術館藏

時強調的也是「美」，而這種美的準則在最後做決定的關鍵時刻，其實也都是出自於潛意識，與喜歡的藝術品產生高頻正向能量的同頻共振關係，所以藝術市場要能健全發展，潛意識的影響是無法被忽略的。

藝術收藏的五大優點

2010年台北故宮博物院舉辦了南宋大展和希臘雕塑展，這些展覽不但讓我們增加了接觸藝術經典作品的機會，藉此我們也可以來了解一下藝術收藏的種種優點，做為我們欣賞與收藏的啟發。

第一、培養審美觀

首先是培養審美觀。藝術收藏的前提，在於對藝術欣賞而培養審美觀，這是一個根本的優點。審美觀的培養需要時間養成，讓眼睛鍛鍊能分出好的東西，或是知道怎麼去看，然後它會直接反映在生活的選擇上。

審美反映在心理層面，因為個人經驗而反映出不同的審美觀，或許與天分、成長過程、經驗等都有一些關係。鍛鍊感知力、想像力、解析力，可以提升審美能力。以我的經驗來說，我從電子業轉到藝術領域，雖然起步很晚，但在二十年來的經驗裡，我發現小時候母親從故宮月曆剪下畫作把它裱框掛在家裡的這個舉動，就暗暗地埋下了一些影響，審美觀的耳濡目染是很重要的。

在中、西方各有不同的審美經驗。像是南宋的作品是一種含蓄的、詩意入畫的美感，看南宋時要回到文

○ 愛芙羅黛蒂大理石雕像　西元1或2世紀羅馬時期
仿自西元前4世紀希臘原作　源自義大利拉齊奧地區奧斯蒂亞城
‧克尼多斯神殿之愛芙羅黛蒂雕像乃希臘雕刻家普拉克西特利斯（Praxiteles）所作，曾激發許多仿製與改造作品。下巴的小凸出物顯示女神或曾抬手，以指尖觸摸臉龐。垂墜在兩腿間的衣物，暗示了正欲寬衣沐浴的愛芙羅黛蒂在驚嚇中的瞬間反應，令觀眾有身為偷窺者之感，好似正是自己嚇著了女神。

學性，詩意入畫境的概念；古希臘藝術則呈現人體寫實的極致唯美，那樣的美是超越真實經驗的，有著理想性的結構比例與建築性。但是不管希臘也好或是南宋也好，藝術創作是融合想像力與信仰之後的結果，這樣的創作是昇華且超越生活的。它們對人們最大的啟發是：每個人可以回歸自己的心理感受，而不僅僅是瀏覽而已，是我們對自己在美的認知上的認識。

第二、怡情養性

除此之外，不管是看展覽、逛畫廊、博覽會或是拍賣預展，和好作品接觸是一種怡情養性的過程。「怡情養性」說起來好像很簡單，但真正投入在內的

收藏家，在欣賞、研究藝術的過程中，從而逃開充滿壓力的工作，但卻又因為在藝術的浸染之中，洗淨、理清了原來糾結的思緒，而可以重新回到工作，去做正確的判斷。許多企業家都曾分享過類似的心得，這樣的「怡情養性」其實是釋放集中的過度壓力，扮演減壓的效果。這也是我從電子業轉入藝術界後，最想和科技人分享的一點，有時候只需要培養一個興趣，看似多花了時間在另一件事情上，但事實上卻是有助於工作的效率與決策判斷的正確性。

第三、美化空間

　　相較於個人的怡情養性，美化空間則是對家庭的影響。人們在富足後就會希望有個舒適的居住空間，不管是復古的巴洛克或是黑白極簡的雅痞設計，都是迎合居住者的個性與喜歡的風格而產生。

　　從居家美化開始，將審美融入生活態度之中，在這環境中的家人會因此耳濡目染，培養出對美的認識與選擇的自信。其實台灣曾在「台灣錢淹腳目」的80年代富起來的一代，通常缺乏審美觀的鍛鍊，往往在美的選擇上缺乏自信，判斷藝術品的能力不夠，才會掉入以投資為導向的購買行為。現在了解到這個道理的父母，都會把居住環境弄得很優雅，讓孩子在良好的環境中可以慢慢培養審美觀，這不需花很多錢，只需要有審美的能力和自信。

第四、投資理財

　　當對美有了自信以後，不管是看畫廊也好、逛博覽會也好、進拍場也好，就會有了一個選擇的自信，這也成為藝術投資是否能成功的關鍵。選擇的自信是跟審美觀有關的，基本上有了這個能力後就不容易被套住，就算收藏的作品現在沒漲，百年後也有機會漲，造福了下

安迪‧沃荷世界巡迴展展出的沃荷作品，現在沃荷作品的身價已不可同日而語。

一代子孫。很多藏家的例子是當時為了鼓勵年輕創作者所買的作品，在他一生中並沒有漲價，但後來傳到兒子手中而開始漲價。

　　一旦有了美的白信，買的東西是跟自己的喜好有關，也不致於有買錯作品的情況發生，在無形之中，也達到了投資理財的效果，所以我們才會說「投資是深度的收藏」，就是這樣的道理。

第五、增廣見聞

　　藝術不但賞心悦目，可以讓人生充滿驚奇與樂趣，在收藏過程中，透過興趣去做的研究，也在無形中增廣了更多知識，甚至對於人生也能具有啟發的作用。在欣賞之中，和作品、藝術家、畫廊老闆和藏家同好的互動，都可以從中得到新知識的啟發與感動。

　　因此我會建議去看展的讀者，可以組團預約導覽老師或是參加定時導覽，聽聽作品背後的故事，再回頭看這些圖像或造形，就會有更多的理解；這時候再讓自己的美感經驗去和藝術品產生共鳴，就可以達到增廣見聞的效果。

老藏家的建議

　　從介入藝術領域之後又擔任畫廊協會祕書長，這二十年來，在跟畫廊老闆、藏家的交流中，從他們口中聽到了許多寶貴經驗，包括他們押對寶賺大錢的喜悅、賣早了和買錯東西的痛苦、如何為了不斷提升眼力而努力做功課、怎麼隨著偏好及財力的改變而做好活化收藏的工作……，慢慢地聽多了，從他們的心得我做了一些歸納與總結，把老藏家的建議分成六大項：

　　第一，每個老藏家都說一定要「多看」。多看好的作品，可以提升審美能力，不是瀏覽式、心不在焉地看，而是真正用心看喜歡的作品──好的、經典的美術館作品，用眼睛了解之後，這張畫會進入視覺記憶庫；記憶庫累積的好作品愈多，眼睛對於好壞就容易分辨出來，審美能力隨著時間的積累在無形中提升。所以從美術館開始看，然後選擇好的拍賣預展，參觀藝博會、挑好畫廊的好畫展，這樣用眼、用腦、用心，持續地提升對藝術的了解和審美能力，是所有藏家建議入門的開始。

　　第二，多看好書，包括專業藝術雜誌、美術史、美學、美學哲學、美學心理學等書籍。很多收藏家找到自己個性化的收藏方向之後，會針對特別喜歡的東西不遺餘力地收集相關資料，包括相關藝術家資料、鑑賞方面的資料，還有拍賣目錄、市場分析等資料。買書不能手軟的，書房裡一定是可以看到美術館大系列書籍。看藏家的書架，就可以知道他個性化的收藏品味在哪裡，並會發現這些VIP收藏家真的很用功，雖然在外面

很低調，但到家裡一談及什麼，他都可以很快地從書架上找到資料，證明他是經常看的、並且有系統整理的，這很讓人感動。因此，我覺得收藏要收得好，有系統的資料收集是很重要的工作。

多看好書，圖為著名藝術家蔡國強翻閱藝術家出版社的圖書。

第三，主動接觸對的、投緣的聰明藝術家。原因是知道他們風格何時形成、如何醞釀而生，知道他們創作的技法，　方面也從認識藝術家取代自己無法創作的缺失，更因為看到藝術家創作、跟藝術家對談，清楚了解藝術創作的過程，之後看畫的時候更知道技法的道理，接觸、了解藝術家之後也會更好地感覺藝術家的作品。雖然高更說：「感覺在前，理解在後。」沒錯！但是我也認為：「理解之後，會更好地感覺它。」

還有，應不辭辛勞地接觸畫廊老闆、收藏家朋友、藝術顧問、拍賣鑑定專家。為什麼要去接觸從藝術家到圈子裡的各種專業人士？因為可以藉此請教到書本上讀不到的常識和市場經驗，這些珍貴的經驗心得是書上看不到的，可以讓人少走冤枉路和避免掉入買到假畫的陷阱。

第四，不厭其煩地泡在市場裡，了解市場的資訊、畫廊展覽及

經營方式、藝術博覽會交易情況、作品的市場合理價格的分析、拍賣現場感受與觀察和成交紀錄等拍賣市場資訊和機制，可以了解藝術作品的定位與價值，而不輕易受市場波動干擾而不小心賣掉不該賣的作品；必須要建立自信才能藏得住好的作品。

為什麼有些藏家一藏藏個五、六十年，像是畢卡索的〈裸體、綠葉和半身像〉原來1萬7000美金買的畫，最後在2010年春拍卻可以賣出1億648萬美金，而創下世界拍賣最高價紀錄？其中因喜歡而建立的自信是最重要的，對於作品在市場的定位、未來發展前途有自信的話，就不會因為暫時的漲價而割愛、或是聽到跌價的風聲而自設停損點賠錢賣掉。這是藏家最怕的事情，也是最常聽到的故事，從這些案例倒回去看，都是因為自信不夠。

第五就是量力而為。資深收藏家勸入門收藏家時都會說因人而異，要量力而為。因為在慧眼和膽識都還沒練好的時候，最容易買錯東西，而就因此失去收藏的樂趣和享受接觸藝術所帶來的福份，會是非常可惜的事。所以量力而為是在開始的時候產生自我保護的能力，這時候不可以有撿便宜的心態，尤其忌貪念，應該用閒錢中的閒錢，小試身手開始參與收藏與投資，從中間學習磨練，而不是用一大筆錢押寶，像賭博一樣。然後從購買到收藏、到投資，慢慢累積審美的能

🔵 畢卡索　裸體、綠葉和半身像　油彩畫布　162×130cm　1932年作品
2010年紐約佳士得春拍，成交價1億648萬美金　©Christie's 2010
‧這張畫創作的時期，正是畢卡索糾纏於兩個女人之間：妻子奧爾嘉‧科克蘿娃（Olga Khokhlova）和模特兒瑪莉－泰瑞莎‧瓦杜爾（Marie-Thérèse Walter）。畫中描繪圓潤性感的身體是瑪莉－泰瑞莎‧瓦杜爾，半身雕像則是畢卡索自己壓抑的隱喻，與角落象徵成熟肉體的水果呼應著，代表了性、慾望等多種含意。身體後長出的綠色植物則是象徵她無法抗拒的青春活力，半身雕像抽象變形的影子延伸下來抱住模特兒，簾幕上雕像投射的人臉正在親吻著青春的植物。這一切都發生在簾幕後的一個隱私的環境裡，形成一個很奇妙的空間，不為外人道也的感覺。這個簾子也讓人想到維梅爾畫中經出現的布幕，像是舞台上的一齣戲，說明簾子裡有一齣私密且具有戲劇張力的故事正在上演。（圖版提供／佳士得）

力、建立收藏的標準,提高對合理價格的判斷力,並避免買到假貨。但是一旦建立了自信之後要注意的是,有太多時候就是因為太量力而為而錯過了好東西,這就是「大痛大賺、小痛小賺、不痛不賺」的道理。

　第六,「不會看貨請人看,不會看人死一半」。眼力是一把刀,它可以宰人也能防身,除了提升看東西的本領,領悟「可買可不買,一定不買;可賣可不賣,趕快賣」的道理,也要學會看人的本事。雖然藝術市場裡處處都是陷阱,但是還是有機會交到好朋友。所以累積好的人脈關係,就是增加遇到好作品的機會,也可以增加流通的管道。

　這些是二十年來所接受到的藏家們心得分享的總結。享受收藏藝術品的樂趣,是通往精神家園美好生活的境界。

台灣大藏家施先生及夫人（攝影／陸潔民）

您會是哪一類型的收藏家？

沒有收藏家就沒有市場，所以收藏家可說是藝術市場中的重要成員，因此無論從收藏或是銷售的角度，都應做些功課以對收藏家有所了解。從藝術愛好者身分開始進入購藏藝術品的可能性有很多，首先要有一定的財力、對藝術品的喜好、觀察藝術市場的興趣，但亦可能因受到朋友的影響或投資理財吸引，這些都是造就一名收藏家的可能因素。我在這個圈子中經常會碰到收藏家，進而發現收藏其實跟個性、行為模式有關，接觸藝術市場久、經驗老到的藏家會隨時間轉化為非屬特定典型的存在，亦是本文47頁圖表中所標示之較成熟、理想中的收藏家類型，除此之外的藏家大致可分為以下四類或是出現重疊之特色。

控制慾強型 Driver

此類型收藏家的個性積極，通常為有成就的企業家、老闆等具領導者特質的人。且一旦目標確立，做決定時就會特別果斷，對事有其獨特的看法並習慣表達自我，主觀性強。優點為果斷、具膽識，不易因猶豫而錯過購藏藝術品的時機；然缺點則為因個性稍顯急躁、主觀性強，較不善聆聽且下決定快，因此當判斷眼光不夠時即很有可能買到膺品。若進一步以質與量的角度看時，此類藏家通常購買量大。

技術分析型 Technical

技術分析型藏家好數據、分析，做決定之前須有考

慮的時間，且通常會於購藏作品之前要求提供藝術品的相關數據資料，其中包括拍賣成交紀錄、獲獎次數、收藏歷史及來源、是否被大畫廊簽約代理、是否有大藏家收藏、是否曾經被美術館或博物館典藏、市場表現力如何、藝評與策展紀錄等，因此這類買家在下決定之前須先得到足以服人的數據。其優點為藉由這些分析、判斷的過程，藏家評估後較不易買到贗品，又因於分析中無形產生挑選與收藏的自信，購藏量雖不多卻精；缺點則為易流於過分依賴數據，缺少了些許主觀性，在強調技術性因素的同時，忽略了真誠地面對作品、與之產生對話的重要性和高頻正向能量的同頻共振關係。且造假之人也可能為迎合該名藏家之性格而生產出假造的資料，此點亦須多加注意。

重感情型 Emotional

重感情型的收藏家，在市場中遊走時會建立其特殊的人脈關係，傾向依照自身個性與投緣與否選擇往來對象，並漸漸建立感情。這一類的人一旦與畫商、藝術家展開友誼，便會產生特殊的信任關係，優點為憑感覺看人，當他碰到能夠交往的畫商或古董商時，這些人便會為其張羅藏品、為其收藏把關，甚至會替其活化收藏、打理二手市場，無形中就如同擁有了一名貼身的藝術顧問。因此看人的本領在此處就顯得極為重要了，假使這類重感情型藏家對藝術品及人的敏感度夠高，就會碰到一個願意為他考慮和負責的藝術顧問，在誠信的基礎上產生長久的感情，使其成為一線的大藏家，因而在很多資深藏家身邊不乏這類的人。缺點為因為重感情，所以易落入陷阱，此點就是取決於緣分及運氣了，須切記「相信專家、尊重專家、不可迷信專家！」和「不會看貨請人看、不會看人死一半！」的道理。

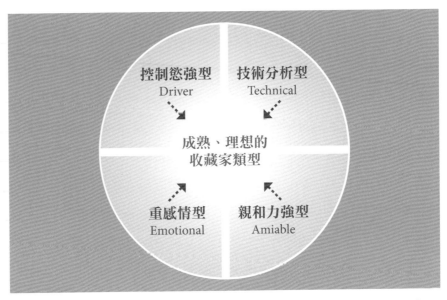

收藏家的四類典型，您會是其中的哪一種呢？

親和力強型 Amiable

　　此類的人是屬於和藹可親的，與重感情型的人不盡相同，但亦喜歡與人交往。唯比較缺乏信心且優柔寡斷，怕處事不圓滿，因此使其難以做決定，怕買錯東西，但優點則是因為親和力高，容易結交朋友，這些朋友有時反而成為替此類藏家做決定、提供建議的人，同時亦扮演了給予信心及壓力的角色；又此類親和力強型的人積極度不高與決定之不易，於購藏作品時往往採隨緣的作法，既不會隨便出手採購，亦不會積極尋求出售手中藏品的機會，甚至忘記賣，而後往往可將藝術品留到最後進而獲利，這就是「漂亮的不見得是你的，忘記了才是你的！」的道理！

　　藝術市場端工作者如畫廊業務員、畫廊老闆、畫商、藝術顧問等在透析了客戶的行為模式後，就更不應以主觀個性面對所有走進畫廊的客人。除了自身對作品了解的基礎外，還應有看人的本領，以不同應對方式回應不同的需求及不同的服務方式。例如面對控制慾強型的

藏家應多加聆聽，在關鍵時刻提出精闢見解，而非自己高談闊論；而面對技術分析型的人時即要以數據資料做為銷售語言中的重點，做足功課。當遇見重感情的藏家時得抱著交朋友的心態，投其所好建立良好的關係，處處為對方著想，而面對極具親和力卻難以做決定的藏家時，則應協助其建立自信，給予建議或以壓力式的銷售語言幫助他做決定，但是要多為其著想並且為他負責。而這些藏家的行為語言亦會於長期積累的過程中有所轉變，逐步提升眼光、下決定的技巧、價格判斷的能力、對市場的常識與知識，以及預測未來前途的能力，進而帶來個性上的調整並產生較為客觀的評估，自此即會從此四個象限較為典型的風格慢慢往中心靠攏，成為成熟、有主見的一線藏家。因此收藏無疑是必須經過一段時間的學習鍛鍊，積累而成的。

您會是那一類型的收藏家？

藏品的保存與維護

2012年10月，我去了一趟上海，觀賞上海博物館建館60周年的特展，美國五大博物館收藏的五代宋元書畫珍品60幅都在館內展出，吸引了許多藝術圈人士及愛好的民眾前去觀賞。在展中，可以看見許多近千年的書畫藏品還是保存得非常好，使古人的智慧結晶得以流傳下去，這就是美術館、博物館存在的意義吧！而博物館內無論是絹布或是紙墨繪畫的良好保存狀態，相較於某些歐洲博物館中歷史僅三百餘年，但早已多有龜裂的油畫作品，更直接地打破了坊間常見的錯誤觀念：「油畫保存較紙類作品容易，因此油畫較有收藏價值」。因此，從這點也可了解：材料不應是影響收藏的決定性因素，藏家如何保存才是關鍵。

「出自靈魂的作品才會進入靈魂！」出於靈魂創造的藝術作品被保存下來，是為了能夠影響更多人，因此藏品的保存與維護也就顯得分外重要。而若以藝術市場的角度而言，藝術品的「品相」好壞，更是直接影響了作品的價位，所以保存與維護，似乎也成為每一個收藏家的義務了，因為對永恆的藝術作品來說，藏家只是暫時保管而已。以下單就油畫及紙類藏品討論，探究於收藏此類藝術品時，可能會遭遇到的影響因素及可行的解決辦法。

一、紙類藏品

（1）溫度與相對濕度：收藏作品的環境，溫度與溼度應分別介於19至22℃與45%至65%之間最為合宜，一

般藏家家中當然不可能像美術館一樣闢有高規格的收藏室，此時空調與除濕機即可適時地幫助藏家保存作品。

（2）光線直射問題：紙類作品怕強光，又以陽光為尤，因此更須注意掛放的位置，避免陽光直射。另外燈光及相機閃光燈亦可能造成作品之損壞，過往慣用的展示燈含強烈紫外線及高溫，許多畫廊考慮到此因素，相繼將投射燈換為冷光LED燈即是一種解決方式。而拍攝作品時，將閃光燈關閉亦是應有之禮儀。

（3）空氣品質：空氣中的二氧化硫、一氧化氮、臭氧等成分皆會使紙墨作品酸化，進而泛黃或破損，居住在溫泉區及海邊的藏家朋友必須注意。

（4）生物因素：細菌、黴菌、蛀蟲等皆屬生物因素的範疇，於溫度、濕度高的環境下較容易孳生，因此更應注意控制溫、溼度。

（5）存放地點：前述提及的情況多屬作品掛在牆上時須注意的影響因素，但當畫存放於倉庫中，又會產生不同的保存技巧。若存放地點屬高規格的收藏室，可直接將紙類作品或捲軸捲起收藏於捲筒中，但若以無特殊控制溫溼度裝置的一般倉庫為收藏地點時，則通常建議在天氣好時將畫作拿出來透透氣，欣賞完畢後重新捲起放入密封筒狀塑料袋，再收藏於紙筒中。

（6）裱褙裝框：酸咬為過去常被忽略的問題，通常坊間裱框店都是將畫作繃平後直接貼於夾板上，然而這些廉價的夾板經過防蟲的藥劑處理，事實上含有會對畫紙造成極大傷害的酸性物質，最後使畫作產生無法修復的損壞。因此在將畫作送往裝裱時，可要求店家以隔離紙及綿紙隔開夾板以不傷及畫作，而遇到重要作品時更須使用無酸材料。

（7）修復：修復須由合格的修復師執行並使用無酸材料，且要

宋徽宗所繪之〈五色鸚鵡圖〉（局部），雖流傳至今超過八百年，但畫作仍保有極度完整。

保有避免過度修復的觀念。

（8）人為因素：欣賞紙類作品時，應帶口罩及乾淨的棉質手套，以不使人手與口等各部位之不可見的油質或酸性物質破壞作品，並注意拿取畫作的動作及畫作運輸過程，避免紙類作品的斷裂或污損。

二、油畫作品

油畫作品的保存大致與紙類作品相同，也會受上述各種因素影響，但由於油彩本身的防水性，使落灰等髒污的清洗較紙墨作品為

易。然其最大的問題則是開裂、剝落與發霉，因此保存時也應將溫、溼度及光線直射等變因納入考量，修復上則應由合格、專業的修復師使用無酸材料、保護面膜、亮光漆等執行，且同樣地在避免過度修復的前提之下整理畫作。無論是紙類畫作，抑或是油畫作品，在修復時都需要注意保留作品自然的老態，而這也考驗著修復師對繪畫的涵養與才氣了！因此，若珍貴畫作的修復非經合格、經驗老到的修復師之手，保持原樣，甚至比「過度」修復來得好。

　　如同之前提及的，溫度與溼度對畫作影響最甚，尤其台灣屬亞熱帶海島型氣候，更應該注意作品的保存，近年來看到最多的情況即是水墨畫發霉、蟲咬，以及油畫開片、剝落等，在此提供一個防潮的小祕方即可防止這樣的情況產生，並保護藝術品。畫作懸掛於牆上時常產生過度貼合於牆面的問題，阻斷了兩者之間空氣流通，颱風、雨季溼度大，牆壁容易反潮，又牆面直接接觸到畫作背面時，會使溼氣由外向內滲透至畫框內作品造成畫作受潮，解決方式很容易，只要取一紅酒瓶軟木塞切半，以雙面膠黏在相對牆面的畫框左右下角，便可使畫作與牆面產生2至3公分空隙（圖見90頁），以利空氣流通並帶走溼氣，達到保護作品之效了。

趙秀煥　空寂　1990

限量的魅力！

　　如果將藝術品的收藏視為一種投資的角度來看，要購買原作或考慮從藝術家原作衍生出的後製版畫，或許是值得進一步探討的主題。有論者認為，收藏藝術品一定要買原作，因為從歷史的經驗來看，其具有相當顯著的獲利效益，例如趙無極過去價格訂為250萬的畫作，現在已增值至2000萬，在他過世後，畫價更不可同日而語。然而，對於只能用有限的薪水結餘去購藏藝術品的上班族而言，價格能夠負擔且能穩定升值的限量版畫才是首選。

原創版畫與後製版畫的競爭

　　如果用文化創意產業的結構説明，具有其藝術語言的原創版畫家，當然永遠占據頂端的位置，所謂藝術語言即是：「用不同的工法，去表達不同的畫。例如，石版可表達渲染意境強烈的風格；銅版則可展現犀利線條的風格。然而從油畫創作到版畫創作，各國藝術家皆殊途同歸，早期尚未有印刷機的時候，歐洲藝術家多以銅版創作，而中國藝術家則較常使用木刻版創作，直到美國安迪・沃荷（Andy Worhol）使用印湯罐頭、T恤和布料的絲網印刷（Serigraph）工法製作版畫，甚而被藏家收藏，此工法也逐漸廣為世人接受。

　　對藝術家而言，原創版畫與後製版畫是場競爭。因原創版畫家是藝術金字塔最頂端的人，卻可能在現實上無法充分回應市場中的法則。用簡單的數學觀念來看，原創版畫家的作品數量與價錢是固定的，其總體價格的

最大值是可被預期且有限的；而後製版畫藉由與時俱進的複製技術，在持續提升作品品質的同時，其生產數量亦可依據市場狀況進行調整，相較於原作版畫，似乎具有更大的彈性與應變力。上述的條件也說明為何有不少後製版畫能在藝術市場上獲得很好的銷售成績，甚至還可能讓購藏者有藉此獲利的機會。

隨著科技的進步，新的複製版畫工法也隨之出現，而時下最受矚目的便是「藝術微噴」（Digital Graphic）。顧名思義，「微」是指技術，「噴」則是指噴墨印表機的功能，藝術微噴其實是一種跟著科技發展出來的高度精密工法，應用在後製版畫的製作上能發揮出驚人的效果，並且k3墨水抗光性可達一百年不變色，例如特別精細的極限寫實領域，包括畫中如人物的毛髮、血管等細節，藉由藝術微噴皆可達到近乎原作的效果，用藝術微噴做的假畫，經常連專家都無法鑑定。

買版畫前的基本常識

限量的後製版畫的投資潛力，已經從過往的許多經驗裡獲得證實，不過就像在原作市場裡面既有的一些市場法則，購藏後製版畫也牽涉到一些判斷與選擇的問題。收藏限量後製版畫是有跡可循的，必須考慮到藝術家的知名度、其原作的價格與市場表現、出版商的誠信和專業、版畫工法的專業性，以及限量的張數，若能在購買之前將這些遊戲規則清楚掌握，那麼收藏的方向便會明確許多。

在版畫下方通常會顯示這件作品的身分，按照國際版畫公約組織的規定，從右至左分別是簽名、題目或年代、編號。其中，左下角的編號除了1/99到99/99（Regular Edition）之外，還有另外三種可能會出現的英文字，分別為AP、PP，以及HC/NC。

AP（Artist's Proof）在正常的情況下，為版畫數量的1/10，若版

畫總數量是九十九張，則AP為九張，左下角應標示：AP 1/9到9/9，這裡需注意的是出版商是否信守其對外宣稱的發行數量，在購買前應該打聽一下出版商過去的商譽如何；PP（Printer's Proof），是指藝術家送畫至印刷公司，以方便其比對或做為表達感激的贈禮，PP的編號方式同AP，差別在於，PP的張數最多是一至二張；NC（non commercial）與HC均為非供商業使用，通常是經紀人推銷時提供客戶觀賞與參考的版本，一般不出售，但如果市面上的版畫全已出售，NC有時候也會被拿出來賣，不過因為上面並沒有版次的編號，消費者在購買前應當謹慎求證作品的來源與身分，再做決定。

令軍。蒙娜麗莎——關於微笑的設計限量藝術敬噴

版畫市場的運作系統

美國行銷版畫通常以1/3法則運作，從價格最低的「結緣價」，依次遞升至「市場價」、「割愛價」，讓一開始入手的藏家有較大的獲利空間，在市場維持一定的行情後，再度調漲價格以創造出一種令先前的買家願意「割愛」的效果，這是後製版畫市場中十分明確的三部曲。在這樣的系統下，版畫變成了有價證券，而買版畫的祕訣則是在結緣價的時候捷足先登，要能用結緣價買到版畫，先決條件是要混在市場裡，掌握到第一手的發行情報，在作品價格最低時買進，等時間過去，即可以用市場價或割愛價脫手，這也正是限量版畫的魅力！

舉例來說，2005年一套由韓國畫廊業者合資出版的五位中國當代藝術家的後製版畫，分別是王廣義、張曉剛、岳敏君、曾梵志，方力鈞，一套十張，限量九十九套，結緣價訂為一套1萬美金，2007年時，同樣一套版畫的價格已上漲至3萬美金。而一張版畫的價格，從結緣價到市場價的時間，只會愈來愈

方力鈞　泳者
版畫 33⁄50
70×102cm
2007

短。在美國，更有「出版前預訂」（pre-publication order）的規則，有
的藝術家版畫甚至還沒出版就已經賣完了，其結緣價透過出版前預定
的方式，會再有個折扣。由這個例子可以知道，貼近市場獲得未公開
的重要訊息，是收藏這類作品的重要關鍵。

　　然而這裡會遇到幾個狀況，第一個狀況是結緣價提高，結緣價提
高包含幾種因素在內，一是出版商想多賺一點，另一方面則是因為藝
術家簽名費調漲的緣故；第二個狀況則是粉絲團效應，當藝術家的知
名度愈高，他的粉絲團效應也愈大，版畫一推出，市面上馬上就買不
到，這可能是因為知名的藝術家都有經紀人，而經紀人會將版畫優先
出售給其VIP客戶，這時除非跟經紀人混得很熟，否則就算預先獲得
出版訊息也不見得買得到，這於是又回到先前已一再提到的竅門：貼
近市場！

限量版畫出版的五大關鍵

最近藝術市場因為LV與草間彌生的合作，再度掀起一陣草間熱，回想在2001年時，我曾與藝術家出版社特約攝影陳明聰一起去看了草間彌生的版畫與新書特展，當時陳明聰以大約兩萬四千元的價格買下一幅草間彌生的版畫〈Hello!〉（圖見59頁），時至今日後面早已加了個零，由此可知限量版畫無疑是可以投資的。而限量版畫出版大體可從授權、工法、數量、簽名與訂價等五個角度切入。

一、授權

授權首先求的是嚴謹，這點可自達利所授權出版的後製版畫價格看出端倪。1991年我去參加了洛杉磯藝術博覽會，在會場可以看見各國限量版畫原作，其中也不乏達利的版畫，但那時我就已經從現場業者的討論中得知達利版畫授權不嚴謹的問題。達利從來都是一個懂得經營自己的藝術家，而為了滿足其與妻子卡拉的奢華生活，甚至在病榻上先於出版商帶來的空白版畫紙上簽名，再交付印刷，版畫發行數量高達幾十萬張，所以這樣的消息一露出，便直接地影響了達利的版畫銷售，也因此無法取信於藏家。

藉達利授權的不嚴謹能夠了解並提醒出版商，限量出版的靈魂就是誠信，授權應該是要非常嚴謹的。授權時出版商首先與藝術家簽訂授權合約，合約之外，緊接著面臨的就是授權金的問題，以我過往在歐美所見的經驗來說，雖然有時因牽扯藝術家支持度及原作價格問

題，使授權金有所變動（即原作價格與限量版畫授權金成正比，藝術家支持度則與授權金成反比），但大部分授權金仍多是依藝術家知名度、原作價格及市場接受度來做考量，所以是由藝術家來主控授權金高低。目前最為普遍的情況是授權金為印製成本的1/5，且通常會折抵為版畫成品，如此一來藝術家便能運用這些版畫作品與收藏家、出版商，以及市場產生互動。

二、工法

工法的選擇就出版商而言，與原作的風格與市場反應有密切的關係。從作品複雜度、市場接受度考量出發，並以賣像佳又具代表性的作品為主，這就考驗著出版商的眼力了。

要能夠挑得好，不只得從藝術性，也要從裝飾性、設計性出發思考，工法的決定視原作風格而定，而原作的挑選則必須雙管齊下，從藝術家創作風格與市場反應同步著手。到底是陽春白雪，還是文武雙全；是登堂入室，抑或雅俗共賞，只有兼顧這四個象限，限量版畫才可以如期出版、發行、銷售。限量版畫的發行因為有特定的量，也需要一段時間行銷，進而解釋了作品接受度與賣像之重要性，以及出版商何以如此重視工法與原作選擇的原因了。

三、數量

數量上的考量，除了前述提過的諸多因素外，尚決定於地區供需比例。限量版畫於歐洲發行數量最常見的為150、180幅，但也有少數例外，如曾在整個歐洲造成風潮的丁雄泉的版畫作品曾高達250幅，美國市場於80年代末期更出現發行高達395幅的丁紹光奇蹟；我也曾在日本看過限量160幅，或是低於100幅的草間彌生後製版畫作品，而

草間彌生　Hello!
限量100　絲網印刷
45×52cm　1989

在台灣及近年中國限量版畫市場，發行數量則大都低於100幅，由此可見數量還是取決於當地市場規模。亞洲收藏家大多會考量收藏性，數量太多即會顯得收藏性低，因此超過一定數量時會使人們在購買時形成障礙。

藝術家風格及作品受人喜愛的程度同樣也是在發行數量上不可忽略的變因，縱使一名藝術家知名度不高，但作品人見人愛時，也是可能憑限量版畫出名的，另外也有如丁紹光的限量版畫作品大量進入美國中產家庭，進一步帶動原作需求的例子。這些都是曾經發生過的歐美經驗，縱然現階段因亞洲市場尚未成熟所以還未見此現象，但未來亞洲限量版畫市場必然是會蓬勃發展的，人們富起來之後，有時並不是要買原作掛在家裡，或許只是在找知名度夠高、能夠引發社交話題、可以參與藝術收藏投資的作品，這樣的情況之下，名家簽名限量版畫作品就成了首選，再次印證各市場總體品味是影響限量版畫發行的重要因素之一。

四、簽名

在簽名上，依循國際版畫公約組織的規定，於畫面下方由右至左分別是簽名、題目或年代、編號，且應有一定的形式。簽名包含著

防偽的功能，除了親簽之外，由於科技的進步還出現將DNA加入墨水中，或是於印刷同時加入特殊防偽記號等作法，進而給予收藏家比較嚴謹、誠信的感覺。

五、訂價

行銷是種手法，訂價則與市場的反應有關，歐美市場於限量版畫訂價時都有一個規律性，例如趙無極於60、70年代所出版的版畫價格大部分超過一萬美金，但他在2008、2009年

趙無極　版畫
34×51cm　1994

出版的作品價位則大致落在五、六千美金，由此可知西方市場是以非常理性的方法看待限量版畫的發行，遵循著結緣價、市場價、割愛價的銷售過程，數量愈稀、年分愈早的作品價格愈高。依照歐美成熟的版畫市場行銷情況，亞洲發行的版畫結緣價格也應定於一千至兩千美金為最佳，這樣的定價不是沒有原因的，實是以中產階級年薪的1/10為基準。

中國近十年井噴式發展的藝術市場是個特例，現今所見的版畫結緣價多是高於此數目的，但是多屬天王級的名家簽名限量版畫作品。即便如此，還是建議未來的成熟市場回到以中產階級能夠負擔的價格訂價，去除貪念，使之後的二手市場與拍賣市場隨著時間的發展有增值空間。

俗話說得有意思！

在這個圈子二十年，經常會聽到古董商、畫廊老闆、藏家等口中時不時會冒出一句有意思的俗話，在短短的字句間就可以明確地表達出深刻的意涵，把圈子中應該了解的道理化成幾句先人累積的智慧結晶，使聽者有所啟發，也減少後人走冤枉路的機會。

事實上在藝術或古董市場中，有太多需要學習的。小時候我就聽老一輩說過「盛世收藏，亂世黃金」，後句意指遭逢亂世時黃金會成為通用的硬貨幣，但「盛世收藏」一句則是隨著自己進入藝術市場後才發現其與文化之間密不可分的關係；當經濟開始發展後，古董、藝術品的收藏成了人們投資理財的選項之一，而此選項對於口袋夠深的人來說，也似乎不僅只是以賺錢為目的，更深刻的則是其中夾雜的文化問題，即人對物的留念與愛，也印證了「一個富起來的國家必定買回他的歷史與文化」的藝術收藏與投資業上規律，隨著大陸古董字畫市場的再度興起，台灣古董商也團結舉辦「第一屆台灣古董藝術博覽會」，使人不得不佩服他們於判斷時事發展時所擁有的敏銳嗅覺了，也將於此篇中以一些常見的俗語探看古董市場內的潛規則。

在古董店中常聽見別人說「撐死膽大的，餓死膽小的」，指出魄力於收藏之中的重要性，猶豫不決、怕買錯因而花錢小心皆是人性使然，也都有可能干擾買家的決策能力，每一次當時機出現時即會出現膽小的人沒有出手買東西，而膽大的則獲利豐厚。

而在買賣藝術品與古玩時亦會聽見：「買東西大

這是一個本小利超大的「撿漏」案例，只花了3美元買的特殊北宋定窯碗，卻拍出了220萬美元的高價！

膽，賣東西小心；會買的是徒弟，會賣的才是師傅」，購買藝術品的四大要素為眼力、財力、魄力和緣分，且「不是人找東西，而是東西找人」，有緣分的藏品稍縱即逝，因此買入時須具備魄力，大膽地下決定。賣東西之所以要小心，則是應要避免在不對的時間賣出，因賣出就難以再購回，故須戰戰兢兢以使該筆買賣產生作用，可見古董的經營、收藏抑或買賣時都必須先會買，後逐步鍛鍊如何賣。然又有「貴不貴不是問題，問題是對不對、精不精；對不對不是問題，問題是賣不賣得掉；精不精也不是問題，而是懂不懂、愛不愛」一說，點出須同時具備對價值的判斷超越對價格的判斷的眼光及緣分，才能買到含金量高、物超所值的作品，但為何有人說「對不對不是問題，問題是賣不賣得掉」呢？指出對於某些人來說，買到高仿的假貨或許不是問題，最終形成人騙我、我騙我、我騙人的三部曲，所以古董交易中仍是得各憑眼力，謹慎出手。末句則是回歸至文化面，假如真心喜愛即會把玩、研究，進而了解作品合理價格，最終更會有助於轉賣該件藏品。

　　古董收藏的文化活動是有層次的，大致應遵循「寧買錯不買貴，

這幅曾梵志的油畫作品，照鏡子本身就有反省、反思的含義，而鏡中人戴著面具，照鏡子的人卻沒戴面具，真假難辨、虛實換位，說明了人性「假假真真、真亦假，真真假假、假亦真！」的道理

寧買貴不買錯」兩階段，第一階段意在提醒應先於合理價位範圍中從事買賣活動，累積經驗及眼力，而當經過不斷收藏、把玩及研究致使眼力提升後，就應抱持「寧買貴不買錯」的觀念，挑選精品，要買就買最好的。若就文化角度而言，則尚有「寧買精不論貴賤」的說法得以與之呼應，終是強調於透徹研究之後挑選出心中喜愛的精品，並以合理價格收藏。

　　另外，古董商進貨、收藏家進場收購或是逛博覽會時則常會面臨「本小利大利不大，本大利小利不小」的情形，例如以較低的價位購入的年輕藝術家作品與高價收藏的名家精品，雖於價格成長倍數方面相差不遠，但收益的差距卻頗為可觀，因此成本與精準的眼光缺一

不可。「利少並不少，利多並不多」則是以年輕藝術家的觀點出發，一開始以紅包價累積藏家惦記，為自身於未來在藝術市場的發展上鋪墊，一但累積一定的市場表現，得到畫廊、藏家的支持　即會成就利少並不少的狀態。反之亦然，若是一時貪心，訂價過高，造成銷售、展出情形不理想，即會落入利多並不多的窘境，唯有削減貪念才是正確之道。

針對藏家而言，則有「真愛未必要擁有，擁有必定是真愛；寧可無物，不可無心」、「漂亮的都嫁掉了，忘記了才是你的」，以及資深藏家許氏夫婦所言之「可買可不買一定不買，可賣可不賣趕快賣」、「大痛大賺、小痛小賺、不痛不賺」等說法可做為提醒，強調藏家對於藏品喜愛的重要性，假使於購藏古董時沒有用心研究，最終只會於市場中淪落為瞎了眼的肥羊，任人宰割。在研究、收藏古董的過程中亦常會使人產生購買的衝動，即使該件作品並不全然地打動藏家的心，然當收藏已達到「寧買貴不買錯」的階段時就應謹記「可買可不買一定不買」。反之，「可賣可不賣趕快賣」則是在提醒藏家，若是倉庫中有並非難以割捨的珍愛藏品，就得把握轉賣的時機，以免錯過。且當已晉升為成熟、具眼力的資深藏家時，若是願意割捨一筆辛苦累積之財富並將之轉換為一項藏品，此種「大痛」往往會讓人「大賺」，即是「大痛大賺、小痛小賺、不痛不賺」的道理，同時亦呼應了前述所說之「本小利大利不大，本大利小利不小」。

收藏家與藝術齊名，走入永恆

「赫伯與桃樂絲」觀後有感

定居在紐約的沃格爾夫婦（Herbert & Dorothy Vogel），先生赫伯於夜間郵局分信，妻子桃樂絲則是圖書館員，兩個再平凡不過的上班族，卻在三十多年間，收藏了四千多件美術館級的當代藝術品。他們收藏的數量甚豐、總值極高，卻仍窩在一個小小的租用公寓；並在多年前，將所有收藏的作品，都捐贈給美國的國家藝廊（National Gallery of Art），讓更多人得以欣賞到這些藝術品。

60年代，當極簡主義、觀念藝術尚未蔚為風尚時，沃格爾夫婦就已開始收藏這些作品，他們購買藝術品有兩個條件：一、要負擔的起；二、要能塞進他們小小的公寓。而夫婦倆所看中的藝術家，不少在日後都成為重量級的藝術家，像是勒維特（Sol LeWitt）、勞倫斯‧韋納（Lawrence Weiner）、班格麗絲（Lynda Benglis）、克勞德夫婦（Christo and Jeanne Claude）、恰克‧克洛斯（Chuck Close）等人，而沃格爾夫婦不僅收藏藝術品，也和這些藝術家們成為知己。

《赫伯與桃樂絲》這部電影剪輯得很好，當中穿插很多有趣的畫面，以及藝術家、畫廊經營者、策展人的訪談，呈現對藝術收藏的多方見解。從此部電影中，可看出沃格爾夫婦獨到的美學眼光／審美能力，當中有位藝術家說道：「赫伯看作品時不經大腦，而是直通靈魂的。」這句話十分貼切，因為赫伯在觀看藝術品時，是感性、主觀直覺的，且眼力獨到，像隻敏銳的獵犬，桃樂絲則是理性的；此外，每每看到喜歡的作品，赫伯都

會轉頭問問妻子的意見，兩人可說是收藏夫妻裡的最好組合。赫伯的眼力獨到，除了天生的直覺，更是因為不斷到圖書館增進對藝術的知識、看遍歐美亞的藝術史所致，並引領妻子桃樂絲進入藝術的世界。

對於赫伯來說，錢不是最重要的，單純對藝術的愛、與作品產生的關係才是最重要的，他曾在受訪時說道：「我不覺得錢是最重要的，我的收藏品才是。」這就符合我在先前曾談過的「丹青不知老將至，富貴於我如浮雲」的情況。赫伯碰到的每件作品、擁有它們的過程，並與創作者產生的情誼，在在都成為他無法割捨作品的原因，因為每件作品都有其背後的故事與感情，在他心中產生的價值，大大超越了價格，所以不能賣。而最後，這對夫婦卻將所有作品都捐給國家藝廊，因為他們知道，國家藝廊會妥善地保存這些作品，並讓更多人看到。

雖然，赫伯不覺得錢是最重要的，但他卻做了最棒的藝術投資。假如日後他想將作品換成錢，他絕對是個成功的收藏家：他在對的時機進場、趕上時代，在普普風潮之後、在沒有人覺得極簡與觀念藝術會有前途的情況下，就開始拜訪藝術家的工作室、向他們購買作品；他走在時代的最前端──當畫廊還沒有發現這些藝術家前，就先下手收藏，是個非常有前瞻性的收藏家。

而影片中有很多有趣的片段，像是當藝術家珍·克勞德（Jeanne Claude）回憶起當年接到沃格爾夫婦的電話時，興奮地摀著話筒跟先生說：「我們的房租有著落了！」桃樂絲則在受訪中回應道：「他們當時不知道，其實我們連自己的房租都快付不出來了！」支持藝術家、提早看到他們未來的前途，這是收藏家最難得的市場判斷與眼光，換言之，收藏家除了擁有美學、判斷好壞的眼力；判斷藝術家未來的前途，還需要眼光。在片中赫伯談到，當時他看到部分作品時，

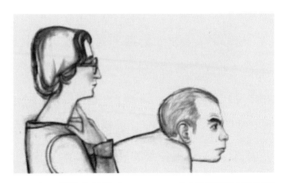

1977年，藝術家巴納（Will Barnet）以沃格爾夫婦為對象描繪的〈收藏家們〉。赫伯在看藝術品時，是感性、主觀直覺的，且眼力獨到；桃樂絲則是理性的，夫婦兩人有互補的作用。這張作品在視覺上垂直與水平的比喻，十分貼切傳神。

覺得某些作品的觀念很新且沒見過；一個熟讀國際美術史的人，當看到新的藝術流派時，自然會被吸引，這即是他的好眼力，因為赫伯有著深厚的藝術知識，進而能尋找新的視覺語言。

　　我常建議一般藏家，去看大師（如畢卡索）的展覽，最好總共花三次的時間欣賞：第一次，不要看說明、不要聽導覽，鍛鍊你的直覺、感知，看懂的那幾件作品，可能就是你感知力最大的收穫；第二次，目的是鍛鍊想像力，把喜歡的三、五件作品背下來，深沉地放在你的視覺記憶庫裡，因為只要視覺記憶庫裡的東西多了，就可增加你的判斷力與想像力，所以第二次去的時候，記得要聽導覽、看說明，在一件作品前待久一點，讓作品的能量進入你的靈魂，把線條、構圖、色彩的調性記住，有能力記得愈清楚，審美能力就提升地愈快；第三次，則是帶好友或家人去，扮演一個導覽者的角色，與他們分享你的心得，也因為要解析、做導覽，所以你必須做功課，且將感知力、想像力都鍛鍊好，在分析與解讀的過程中，也會讓你對作品的印象更深刻；當他人回應時，你也會有其他收穫，並且讓大家的審美能力都各自提升，所以最高明的社交話題與分享，就在於此。

　　不斷地看眾多展覽與作品，對收藏家會產生很好的啟發，有時候我們常因偷懶就少看了很多展覽，缺少學習的機會；但如果看得愈多，對藝術品的判斷力就愈強。沃格爾夫婦看遍紐約所有大小的展覽，非常勤勞且用功；後來他們跟多位藝術家都成為朋友，並定期電話聯絡，或有時碰面、吃飯，分享彼此對藝術的看法，也因為看遍所有大小展覽，所以沃格爾夫婦總是可以為埋頭在工作室內的藝術家，帶來藝術圈最新的第一手消息。

　　不少美術館其實都曾接觸過沃格爾夫婦，希望他們捐出藏品，然而沃格爾夫婦挑選合作的美術館，除了考量到附帶的條件，還具有感情的因素（因為他們當年度蜜月的行程之一，就是去逛國家藝廊）；影片接近尾聲時，國家藝廊的策展人說道：「我們考慮到沃格爾夫婦收藏的狀況，萬一發生火災，或是魚缸漏水都會損壞作品，所以後來提了（收藏他們作品的）企畫案給國家藝廊，最後國家藝廊也接受了這個提案。」而國家藝廊在收藏這些作品時，也給沃格爾夫婦安心的感覺，因為館方對他們說，國家藝廊絕對會完善保存這些作品，而且在未來也不會賣出任何一件。紀錄片最後收在國家藝廊的大廳一景——一面刻滿著捐贈者名字的牆面，最上頭即刻著沃格爾夫婦的大名（由於他們捐贈的作品最多，所以名字被刻在最上面），這兩位收藏家與他們收藏的藝術品，也一同走入永恆，令觀者感動。

藝術收藏入門的四六要點

中國藝術市場的蓬勃發展，帶給亞洲及歐美藏家很大的想像空間；而近幾年逛畫廊及古董店、看藝術博覽會、跑拍賣會的漸增新面孔也顯示出——藝術收藏與投資成為一門顯學，愈來愈多人想要進入藝術市場，更有許多人將藝術投資、收藏當作理財項目之一。因此，我想總結個人藝術收藏經驗的四要素、六重點，提供欲入門的朋友做參考，希望大家在藝術收藏這條路上能循序漸進、按部就班，累積經驗以達活化收藏的高度：

四要素

一、眼力

眼力是進入藝術市場的敲門磚，其鍛鍊需靠知識的積累。藝術收藏與投資需具備知識的底蘊，不論是古玩或繪畫，若沒有知識、不了解其中道理，就如瞎子看畫般，不僅很難進入狀況，也容易受騙上當。眼力是分辨真假好壞的能力，有些人非常主觀的認定要買自己喜歡的東西，但若審美能力太低，他喜歡的可能是一幅假畫。

二、財力

財力視每人情況而定。口袋深淺決定買東西切入的高度，沒有財力就不可能去購買高價精品，所以財力較一般的人可以從階層較低的東西入手（詳後文）。但即使因財力因素在購買上的切入點不同，但還是要從勤作功課，慢慢實踐收藏做起，以畫養畫、以藏養藏，有時可彌補財力的不足。

三、魄力

魄力就是要有膽量。當對的東西出現在眼前，而你有了知識及眼力，你拿不拿？這是要有膽量的。有的人在開始收藏時會用一個月的薪水去買一件東西，因為他很確定這是他喜歡的，也確定其是在審美標準以上的，而有些優柔寡斷的人就會錯過時機，因此魄力造就了不同的藏家。

四、運氣

「有心栽花花不開，無心插柳柳成蔭」，能買到什麼東西，似乎都是有緣份的，因此需要有運氣。太多收藏故事告訴我們，要不辭辛勞地在外面跑，才有機會碰到想要的東西。然而，有時你可能秉持著某個目的去買，但怎麼找都找不到，卻在偶然間碰到一件喜歡的東西，非常巧合，自信告訴你可以買，膽識讓你下手購買，運氣卻決定你是否押對寶，就像古董圈常道：「不是人找東西，而是東西找人。」

有了四個要素基礎便可開始進入市場，但是必須提醒您還有六重點：

一、要量力而為，不失膽識

藝術投資容易入迷，若不能好好把持便會愈陷愈深。投資時，不要超出自己的經濟承受範圍，有多少經濟能力就投資多少，這樣操作起來便不會有太大的壓力，因為壓力大容易做出錯誤的決定，成為賭徒。所以在能力範圍內要量力而為，要有膽識，展現魄力，不要輕易放過一些值得下手、又在能力值以內的東西。

二、要精準看人，戒除貪念

造假的東西再便宜也不能買，因為根本沒有投資價值，弄壞眼睛還惹一身腥；另外，有些人會故意將東西價格訂高，使人認為是真

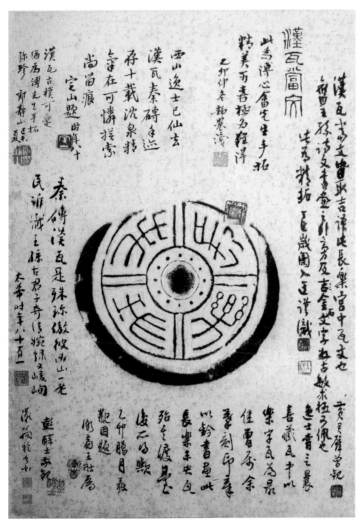

十多年前我偶然於古董店看到並購入、現為我所收藏的溥心畬之〈長樂未央〉漢瓦當親手拓本，上有包括臺靜農、黃君璧、劉太希、王壯為、彭醇士、陳定山、郎靜山等人的提跋墨寶，表達出當時文人對秦磚漢瓦的珍惜與喜愛。當時覺得巧遇難得而收藏，如今更加珍惜、愛不釋手！

的，但是貴的不見得就是真品。有句話說：「不會看貨請人看，不會看人死一半」，請仔細觀察並且鍛鍊看人的本領，注意要賣東西給你的人，他的動機、眼神、表情、語氣、態度，假如能夠屏除貪念的話，曾看得史清楚，這是可以訓練的，在混亂的市場中，有時看人比看東西還來得關鍵。

三、要循序漸進，勿操之過急

購買藝術品急不得，要三思而後行，不能看到喜歡的就買，除非您正在走大運。在藝術收藏的路上，要累積知識，平時多看書、多研究、多實踐，也要多向內行請教，獲取書本上學不到的經驗；要在市場上不辭辛勞的「串門」，多逛畫廊、藝博會、拍賣行預展，鍛鍊自己的眼力，找出自己收藏愛好方向，有了知識、常識、見識之後，再去挑選喜愛的藏品，火候俱足就萬無一失了。

四、要按部就班，勿好高騖遠

基於每人口袋深淺不同，口袋較淺的人，在實踐的初期可選擇較為保險、容易入手的品項，以古玩來說，可從木雕、石雕、壽山石、硯台等較難造假且造假辨識難度較瓷器、玉器、銅器低的東西入手；藝術品方面，可從名家簽名限量版畫、年輕藝術家的小作品、名家小型作品，如素描、水彩入手，這樣即可鍛鍊眼力、增加常識、又可增加實踐力。如果過去這些年您買到草間彌生的簽名限量版畫作品，現在肯定獲利啦！

五、要累積經驗，愈買愈精

累積了實踐的經驗後，收藏品質的提升便是必要的。在實踐的過程中，或許會有踢到鐵板的時候，但從中獲取傷痛的經驗，便能增加判斷力與自信、提升品味與能力，而後愈買愈精。這時，要是能夠同時累積人脈，增加流通管道，練習出手、賣出自己汰換的藏品，除了可增加財力外，亦可選擇更高檔的作品，這便是愈買愈精、收藏轉換的開始，如此才能以畫養畫，以藏品養藏品。

六、要活化收藏，去蕪存菁

在不斷實踐的過程中，財力與偏好也跟著改變，審美自信也會隨之提升，也愈能分辨東西的精與不精，因此，在累積一定數量的藏品後，要回頭審視倉庫，這時會發現藏品中有些東西可能是不行的或已經不這麼喜愛了。收藏在精不在多，藝術投資，不是以量取勝。買十件一般作品的錢，還不如集中收購一件具有藝術性、稀有度高的精品，其增值空間一定超過那十件作品。所以在收藏的過程當中，要提高活化收藏的能力，才能去蕪存菁，調整藏品的質量。

講投資

真假、價格、前途

收藏是深度的欣賞，還記得我剛入門的時候，陪老一輩藏家逛古董店或地攤挑東西，我總喜歡問他們：「請問如何挑選呢？」老一輩的藏家告訴我一個口訣：真假、價格、前途。「真假、價格、前途」這個口訣，加上當代的理解稍作分析，其實就是收藏必須掌握的三要素：辨識能力、經濟實力、收藏活力。

我們從「真假」開始談起。現在對於真假的理解，就是辨別真假、好壞。首先必須要在眾多品項裡去挑出喜歡的、懂的、好的作品，這是一種辨識能力，而這能力需要「眼力」、「直覺」和「知識」來支撐。

眼力就是視覺的審美能力，一旦修煉了善於欣賞的眼睛之後，眼力自然會比別人好。而直覺又是什麼？我發現有些成功企業家眼力或美術知識的底子並不深厚，但奇妙的是，因為他們有判斷力、自信及魄力，出手時反而不容易買到假的。原來這是他事業成功的經驗，造就了直覺判斷的精準度，因此將不管是行銷能力或是識人的能力，用在藝術的收藏上，靠的是自信而精準的判斷力。有人說：「不會看貨請人看，不會看人死一半。」企業家憑藉的就是用人及看人的本事，這不是用天分可以說清楚的，也不是我們可以理解的藝術知識所造成的。

另外辨識能力的另一個基礎就是「知識」，這裡談的自然是藝術知識，包括了藝術家時代背景、藝術家風格與雋永程度的認識。藝術知識是要做功課的，知識的積累之後，判斷也會更精準。至於雋永的部分，就是判

每年一度的台北藝術博覽會，是收藏家累積藝術知識、常識，掌握價格行情的好時機。

斷東西精不精采，其中包括了作品成熟度、完整性、藝術性甚至裝飾性。藝術家的創作畢竟不可能張張精采，因此在藝術知識的積累後即可了解藝術家精品比例的高低，從中挑出最精采的來收藏。

當可以分別真假好壞之後，再來要談的就是「價格」問題。很多時候，尤其是逛古董店時，很多商家不見得會把價格說清楚，而是反問買家：「你想出多少價？」這是很有趣的，一來一往互相試探對方對價格理解的功力，也是商議一個合理價位的過程。我們說「價可議不可殺」，過度殺價下，不但傷和氣也破壞行情。行情的判斷需要常

識，並不是那麼容易的，所謂市場公定價格（fair market price），其實是包括畫廊個展的價錢、拍賣的價錢、私下賣的價錢、和老闆商量後的折扣價錢、行家丟出來的二手價錢等多項止慣的總和。這些都是對藝術家或作品的行情判斷，是需要了解畫廊私底下、博覽會、拍賣行的成交價，且得要泡在市場裡才會了解的常識。

判斷合理價格其實就是行情的分析，加上「財力」和「膽識」就更能解釋清楚了。「財力」就是買家可以運用的閒錢，有了財力之後還要有「膽識」，也就是在對的時機出手。我們常常碰到藏家表示曾經因猶豫而錯過了好作品，眼下要做決定是需要膽識的，但膽從哪來？也就是知識、常識、見識所積累的自信。

其實常識對於行情判斷是很重要的，不管去逛畫廊、古董店，看個展覽或拜訪藏家朋友，都可以累積常識。許多企業家都是從博覽會買下第一張畫的，不但一次可以看兩、三百個藝術家，一、兩千件作品，也可以馬上知道價錢，或是直接接觸老闆，感覺他的個性與真誠，也可以短時間學習知識常識，又容易詢價，這是大家不錯過博覽會的原因。

第三個就是「前途」。在價格商議到一個程度之後，在決定買不買的那一剎那，想到的就是藝術家與作品的前途。「眼力」是用以辨別真假好壞，「眼光」意在預測未來前途，判斷是否有可能走進藝術殿堂。眼光的培養必須積累常識與知識，沒有做足前面提到的功課，是無法增進對前途的判斷力，這也是其中最難的部分。

另外還有「魄力」，這關係到「收藏活力」。有些收藏家會掉到一個只進不出的陷阱，一屋子的收藏卻不知道什麼是好的。但我認為做為一個好的收藏家，必須要不斷地去檢驗自己的倉庫，該處理的、該賣的，換成錢再去買更好的精品，這就是收藏活力，也可以說

是「活化收藏」，讓自己的倉庫永遠都是精采的東西。活化收藏的能力，反映的也就是收藏家的魄力。

要預測藝術品未來發展的前途，是難度最高的判斷，判斷力就不只是知識和常識，還必須要有「見識」。見識和常識、知識都不一樣；常識是泡在市場裡了解行情，知識是了解藝術作品發展，見識則是必須要到更高的水平面上去親身領悟。比方說是認識大收藏家，和大古董商、畫商聊天，勤訪高人等，這都是積累見識，可以分享到心得與竅門，或是有機會得到實際上手把玩精品的可貴經驗，之後做為判斷藝術家前途也會更精準。因此，「多買」是重要關鍵。我發現成功藏家大部分是「少聽、多買、要研究」，而不少失敗藏家則是「多聽、亂買、不研究」！（這裡的「聽」是指市場傳言，而不是上課或藏家經驗分享。）

「真假、價格、前途」的老口訣，加上新的理解，就是現代人收藏需要的基本概念。收藏是深度的欣賞，從眼力、知識的功課與鍛鍊，一直到見識的積累，這就是深度欣賞的過程，都會讓收藏有良性的判斷。除了讀書和研究行情，也別忘了和大藏家分享收藏心得，也就是美的心得分享，這是最高級的社交話題，到底「收藏是修養，投資是需要！」

趙秀煥　朝顏　1988

收藏 vs. 投資

「收藏是修養，投資是需要。」不管是中國或是台灣，有許多人在買藝術品時是以投資為導向。若是單從收藏來說，一定是從「喜歡」著手的，所以必須要培養辨別藝術好壞、真假的能力，假如眼力夠高，喜歡的與市場一致，就起碼能有保值的效果。但是投資是需要，也就是說出發點是要賺錢的，所以也必須去承擔賠錢的風險，這時更需要看懂藝術品。

因此，我覺得投資應該是深度的收藏，也就是我們常在講的：投資應該走在收藏的後面，如同之前我們也曾談過的「丹青不知老將至，富貴於我如白雲。」因為投資是收藏的進階，所以一定要懂得收藏的概念之後，才能去談投資，不然就容易道聽塗說而買了一些不好的東西。

收藏從喜歡出發，是因為收藏者跟藝術品產生某種「同頻共振」，就是此種高頻正向的能量，引發收藏家的興趣進而購買。這就是收的動作。收跟藏是不一樣的，收是買的動機，而藏就必須了解好壞、創作背景、市場位置、時代性、是否可能在美術史成為風格代表等。藏的動作之下就是做研究，必須要弄懂，才能活化收藏，把好東西留下來，不喜歡的剔除；換句話說，收是同頻共振的過程，藏則是了解它。

收和藏的樂趣是屬於精神層面的東西，因此喜歡藝術進而深度欣賞、購買，在買的那一剎那，其實已經賺到了。藝術品讓人因「喜歡」而享受到高頻正能量，不僅裝飾了牆面，並且影響全家人的審美觀，還支持了有

才華的藝術家。那些付出的錢已經獲得了各種功能上的滿足，而它將來是否漲價，其實是另外附加的價值。

從精神性來看收藏的話，其實是美妙的，也是最划算、最有智慧的交易與金錢使用方式。它不會在購入的同時折價，也不會消耗，在享受過後仍繼續存在，因為藝術品是永恆的，可以傳給下一代。有許多收藏家享受的不光是「擁有」這件事情，而是和藝術品交流，人與作品產生同頻共振的關係，可以帶來內在深層平靜與滿足、讓人看清世界，這都是精神性的價值。

那麼投資又是什麼？投資的目的是賺錢，必須承擔風險，因此更要了解市場裡面的因素。收藏家因為喜歡而購買，會愛上藏品而捨不得出手；但是投資者不一樣，不能帶有感情，更不能捨不得賣，看到市場好隨時就要出手，才不會被套牢。

以投資為目的的收藏，一樣要多做功課、多看書、雜誌，研究美學、心理學、美術史，要常逛美術館、畫廊、拍賣預展看好作品，因為用心看也是做功課。再來就是泡在市場裡，了解市場的資訊，畫廊的展覽、藝術博覽會的活動、拍賣的紀錄等。了解所收藏的藝術品市場的定位，產生選擇的自信之後，便不易受市場的干擾，這是很重要的。另一方面，因為藝術品的流通性較低，比起黃金、股票、地產都難變現，因此收藏的過程裡，累積、增加流通管道，像是好的畫廊、好的拍賣公司，都是十分重要的。

以投資角度來看作品，我認為借用經濟學上的波士頓矩陣（BCG），會是比較清楚的。我們以此圖將市場裡的藝術品分成四個象限，對應於明星就是走進藝術史的作品，對應金牛就是炒作，落水狗則是淘汰者，問題兒童就是當代藝術。如果目的是投資，就要回到基本概念，要擦亮明星、利用金牛、養育問題兒童、處理落水狗。

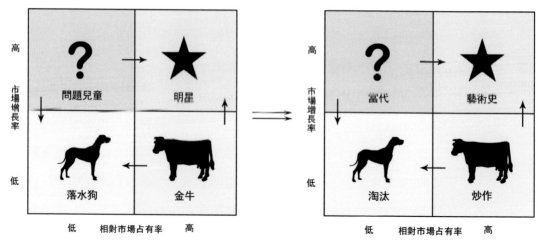

波士頓矩陣（BCG）圖。四個象限從右上角順時鐘依序是明星、金牛、落水狗與問題兒童。對應於市場裡的藝術品，明星就是走進藝術史的作品，金牛就是炒作，落水狗是淘汰者，問題兒童就是當代藝術。

　　像是吳冠中、趙無極，價格已經這麼高，還可不可以買？這就是要判斷他是否會進入藝術史裡，如果是肯定的當然能買，從中挑精的來收。落在金牛則要特別小心，它是市場上被炒作的，但也可能變成明星，就會再持續漲價；但如果是惡意炒作，藝術價值低於它的價格，金牛也有可能變成落水狗。對待金牛的方式你可以陪它走一小段，看狀況取捨，發現藝術價值不夠高就要趕快拋出。為何金牛要利用呢？因為它往往價格會從十幾二十萬做到幾百萬台幣。若是從收藏角度我建議不碰金牛，但若是投資為什麼要錯過賺錢的機會呢？有不少藏家就是利用金牛，就這樣陪畫廊走一段，過了一、兩年賣掉，沒有喜不喜歡，這就是利用金牛。

　　面對問題兒童，也就是正在發生的當代藝術，則是要養育他們。它很難預測未來，將來有可能才氣已盡或是中途改行而變成落水狗了；但因為它是創新的，有獨特的風格，有些也會進而發展成為明星。因此在判斷上，就是找出價格可以接受又能讓自身產生共鳴的作

品，同時也是在幫助問題兒童慢慢走上來，不用顧忌生活而持續創作。而最後被淘汰的落水狗，造成的原因，或許風格是抄襲的，或許作品才華不夠，人和作品因素都沒有辦法達到一定的價值標準，最後只有被淘汰。

　　所以我們說投資是深度的收藏，要有一定的眼光，了解每一個藝術家和藝術品在市場上扮演的定位、角色，才能做好投資的工作。總結的話，就是必須精挑細選那些物超所值的好東西、含金量高的作品，到底要如道收藏與投資的五大關鍵，請看下回分解！

吳冠中和他的水
墨畫（何政廣攝影）

藏得住、賣得掉

碰得到、看得懂、買得起

有時候，講很多大學問，不如一個口訣。「碰得到」、「看得懂」、「買得起」、「藏得住」、「賣得掉」，可以說是收藏與投資的五大關鍵。

第一就是「碰得到」。在古坑行裡有一種說法：「不是人找東西，是東西找人。」意思就是說當刻意找某件東西時通常是找不到的或是找來假的，但往往好東西都是偶然機會「碰」來的。問題是這個「碰」，是每天待在家裡怎樣也碰不到的，必須要不辭辛勞地，當然就是自多聽、多問、多看、多讀，勤跑畫廊、藝博會與拍賣行而來。

第二就是「看得懂」，這個部分「因人而異」是很重要的，就是做完功課後還要了解自己的喜好，選擇自己認為對又好的東西。一般買藝術品有三種型態：裝飾性、收藏性、投資性。如果是為裝飾性而買，價格一般不會太高，但可能也不會有太大的升值期待。既可以達到收藏的目的，又具有投資效益，這類東西是比較少的，因此，藏家必須修練看懂藝術品的眼力。

再來就是「買得起」。這跟財力有關，財力高低會影響預算。一般開始培養興趣做功課，就可以準備小試身手進入藝術收藏，這時候必須是「量力而為」的，用閒錢中的閒錢入手。除了買得起，還要訓練價格的判斷和出價的能力，並且量力而為，可以保護收藏興趣不受打擊。而價格的判斷力，端看自身對市場的了解。要去拍場舉牌前，一定先對藝術品和價格做一定的研究，才知道出價的位置，除非碰到突破性的精品，價格就可以

喊高了——許多資深藏家都了解這種「不可量力而為」的感覺。

再來是「藏得住」。雖然乍看很容易理解，但往往收藏家因為對自己收的東西不夠有自信，而隨著市場的一點波動就賣了作品。對藏品信心不足或是資金有了缺口，或是想賣作品去換另一好東西，就會形成一個汰換狀態。藏得住或藏不住和個人財力、對前途的判斷有絕對的關係。但有趣的是，愈是貼近市場、愈是做投資的人，往往是藏不住的；藏得住的往往是因為喜歡這件作品，不受市場傳言的干擾，因此人喜歡而忘了要賣。

很多人賣東西是受市場影響，甚至是大小眼的。像是企業家曹興誠就曾在飯局上自我調侃一番，我覺得詼諧又幽默。他說他曾買了一張吳冠中作品，買得有點貴，之後作品跌了，他回家看著牆上的畫，覺得那畫畫得真是不好。低了兩年後，吳冠中不但漲回來而且翻了兩倍，然後他再看那張畫，突然又覺得吳冠中畫得好棒啊！他其實是調侃自己在收藏過程中，也曾經有過大小眼的問題，讓自己於判斷畫的價值時產生了變化。這其實是人之常情，如果買的畫價錢一直起不來，可以想像會承受多大的壓力，以至於不得不賣掉。

再來最後就是「賣得掉」。賣得掉可以說是五個關鍵裡面非常重要的一環，因為在收藏界太多人掉入一個只進不出的陷阱：一直收一直收，但要賣的時候卻賣不掉；不只是真假的問題，有時是沒趕上時代流行，或是東西不夠檔次，賣低捨不得，賣高沒人要。雖然買作品的時候，應該要考慮賣得掉的問題，但有時又很矛盾——因為有時候當下或許賣不掉，但將來可能是有機會的，只是時候未到。因此「活化收藏」的概念是很重要的，在賣得掉的情況下，隨著眼光的提升、偏好的改變、財力的改變，慢慢做篩選。

最後我要舉一個有趣例子來說明這五大收藏關鍵。2009年秋天北

京保利拍出了一張吳彬的〈十八應真圖卷〉。這張畫在二十年前，曾被一位古董商推薦給畫家、收藏家王南雄。他看了以後覺得非常精采，要求留著研究兩天，於是拿給許多專家們討教，但專家們都說東西不對！在忐忑不安的情況下他決定自己研究一番。他曾跟在黃君璧身邊，經常看到好東西，也有多年繪畫經驗，怎麼看這張作品自筆路、筆墨、人物造形，都不像是造假的。他又研究乾隆的印章，比對乾隆的題跋，也都不錯，所以在一片專家都說是假的情況下，他問古董店老闆價錢，殺了2萬以75萬台幣買了下來。在他手上猶豫地放了一年後，佳士得的專家黃君實到台灣收件，王南雄拿給他看，還沒打開手卷，他就說：「乾隆工。」裱褙是乾隆工，然後打開仔細端詳之後，只說了一句：「捨得嗎？」於是他就送了佳士得拍賣，預估價33至35萬美金，拍到了60萬5000美金，被一位比利時收藏家買走，是當時古代水墨第六高價。2009年秋天，比利時人拿出來，在北京保利拍到了1億6912萬人民幣（台幣7億7000多萬）。

這是個最佳的例子。在功課做足後，碰到了機緣，又能在一片說假中做出氣魄的判斷來把握住它。這也是為何說相信專家、尊重專家但不可迷信專家的原因。但若不是因為抱著忐忑的懷疑而僅藏住一年，而要是能像是比利時人那樣自信地藏了十九年，二十年後可是獲利一千倍！但換個角度想，放了一年就賺進2000萬台幣，也夠精采了！

吳彬　十八應真圖卷（局部）　紙本設色手卷　31×571cm　16世紀
此畫作以1億6912萬人民幣在2009年創下中國繪畫拍賣高價世界紀錄（圖版提供／北京保利）

畫家、收藏家王南雄，以及他留存的〈十八應真圖卷〉複本。（圖版提供／陸潔民）

如何逛畫廊及選購作品

「Gallery」的意思，本為歐洲貴族豪宅裡的長廊，即歐洲貴族在展示個人品味與財富的空間，後來傳到美國，才成為商業的「畫廊」之意；日本是亞洲經營畫廊較早的國家，在日本，畫廊也用英文「Garou」稱之。畫廊的種類分為很多，皆由經營者的眼力、財力、魄力與風格決定，當然其中也帶點運氣。而若想進入畫廊購買藝術品，以下八點的提醒與建議，是我想與讀者分享的。

第一、挑選對的、適合你的畫廊與其風格

所謂「對的」，指的是代理作品的真假問題。若這間畫廊的老闆，本著理想、誠意在經營，並非把畫廊當作單純的生意空間、賣假畫謀取暴利，那麼這即是對的畫廊。而「適合你的」畫廊，則是你自己認為好壞的問題，而此標準亦會隨著進入藝術市場的時間長短、接觸市場資訊的多寡，而逐漸提升。

那麼，該如何挑選作品呢？首先要從了解市場開始，閱讀相關藝術雜誌、逛畫廊、跑拍賣會做些功課；但最重要的，則是參加好的藝術博覽會。一般好的藝博會，皆會有主辦單位（如畫廊協會）把關，不會讓賣假畫的畫廊參展，所以在好的博覽會買作品，是個保護自己的方式。若是家裡附近的畫廊，藏家也可以打電話給畫廊協會詢問這間畫廊在市場裡的口碑、是否可信；或到國外旅遊時，在較小型的畫廊購買作品前，也可先在此地區較具代表性的畫廊打聽，基本上他們都會願意幫忙。

我與台灣畫廊第二代合影

第二、跟好的、投緣的畫廊老闆交朋友

好的畫廊老闆，較有理想，不是純粹的生意人，願意發掘被埋沒的藝術家，幫助他們進入藝術市場。而投緣則是八字合不合的問題，主要是從這位經營者的誠意、常識與專業知識、熱情，以及願意分享的態度，讓人感受到他的人格特質與經營態度，跟自己是否契合。若與畫廊老闆成為朋友後，他極有可能會成為你第一位貼身的藝術顧問，我常說：「不會看貨請人看，不會看人死一半」，不會看貨時，就請這位貼身藝術顧問幫忙；但如果挑錯畫廊老闆，就無法避免地會落入陷阱之中。

第三、看畫展、做功課

　　透過逛畫廊、留下自己的聯繫方式後，畫廊會定期寄展覽邀請函給你，而也能進而得知哪裡有好展覽，再從中挑選對的藝術家與好的作品；再者，也可從藝術雜誌或網路資料中，知道哪裡有好展覽。藉著看畫展、接觸藝術家作品，可進一步累積自己的藝術知識與常識；跑畫廊還有個好處，即是會從畫廊老闆身上學到很多寶貴的經驗。而當你去看這些展覽時，經篩選過後，可留下展覽資料，並購買畫冊，這些也都是該做的功課。經常跑畫廊與畫廊產生關係後，畫廊老闆甚至會主動贈送畫冊，甚至有機會見到藝術家，更能領會他們作品的風格與創作理念，在這些過程中不斷地鍛鍊自己的眼力，且加深對於藝術市場的了解。

第四、選購作品需要慧眼及膽識

　　然而，要真正出手買作品，這一刻每個人都會掙扎，此時就需要具備慧眼及膽識。慧眼可透過先前的經驗累積、對藝術品的認識；而膽識，就是在對的時機下手。首先必須拿辛苦賺的錢，去換一件作品，而這件作品將會掛在家裡重要的地方，成為藏家的私人藏品，在空間裡與擁有者互動，並提升下一代的鑑賞能力；朋友來到家中，會引發社交話題，孤獨寂寞時，它會發出高頻正向能量，撫慰心靈，所以這件作品，必須耐看且具有藝術性，而選出這樣的作品，就端靠自己的慧眼與膽識。

第五、合理定價展現畫廊老闆的誠意

　　有了慧眼及膽識，接下來重要的關鍵，即是作品的訂價，以及藏

家對作品訂價的了解。合理定價是畫廊老闆展現其誠意之時，這位經營者是否有誠意推動一位藝術家的作品，從訂價就可得知。合理定價的概念主要分為結緣價、折扣價、市場價、割愛價、行情價等類別，而合理的定價也得以協助畫廊老闆保護藝術家在藝術市場裡的狀態，並同時增加了藏家出手的可能性。

第六、決定購買前，詢問畫廊老闆四個問題

這幾個問題聽似不重要，但可透過這些問題，與畫廊老闆產生默契，也是未來檢驗這位經營者誠信的方式，包括「是否有原作保證書」、「你對藝術家前途的看法」，從中觀察畫廊老闆在回答時，有沒有展現一股熱情與自信。第三個問題，即是「你是否也有收藏這位藝術家以前的作品」，但好的經營者，並不是自己偷偷留下最精采的作品，而是買下展覽上沒有賣出的畫作（收藏賣不掉的好作品），這會因此增加藏家購買的信心。最後一個問題，即是「假如未來我想脫手，你可以幫我出售嗎？」這時候需觀察畫廊老闆的反應，若他一臉不情願，那下手就要小心；但如果他連想都不想，就一口答應，這就展現畫廊老闆的自信與誠意，藏家也可較放心購買。

第七、售後服務

裝裱配框、運送掛畫、脫手變現，都是好的畫廊須有的售後服務。一件作品進到家中，要符合室內裝修的風格、家裡的裝潢調性、與藝術家創作間的連結，就是靠配框，所以如果使用的框是適合的，藝術品也會因而加分；因此，最好能讓畫廊老闆進到你家裡，知道你的裝潢風格，才能提供藏家恰當的配框建議。且由於台灣地震頻繁，所以掛畫很重要，有安全、畫框損壞等問題，假如是有經驗的畫廊經

營者幫忙掛上，穩定性、安全性都會比較保險。

第八、收藏保存

　　台灣位處潮濕的亞熱帶，很多藏家都遇過藏品發霉的問題。注意一些小細節，可大大地減低發霉的機會，再來就是注意光害，不要讓太陽直接照射在作品上。關於潮溼的問題，一般來說，家裡若有空調，就比較沒有太大的問題，但如果沒有固定使用空調，下完雨後太陽出來，畫背的牆開始出現返潮，會直接透到畫作前面，若要避免這樣的情形發生，我建議可將紅酒的軟木塞切成一半，墊在畫作後面兩邊的底部，與牆壁就會產生約3公分的空間，當空氣流動時，就能把溼氣去除。此外，要記得用無酸裝裱，才可避免作品變黃，否則框的顏色會印到作品上。若紙類作品出現黃霉點，基本上，有工夫的裱畫師傅都可以處理，但一旦成為黑霉點，就無法處理了。此類收藏保存相關注意事宜將於之後的章節有更加詳盡的探討，因此僅於此處點出其中幾項。

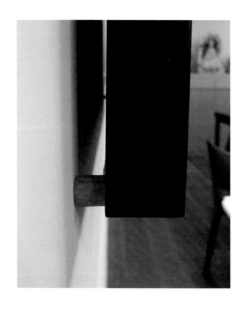

取一紅酒瓶軟木塞切半，以雙面膠黏在相對牆面的畫框左右下角，便可使畫作與牆面產生2至3公分空隙，以利空氣流通並帶走溼氣，達到保護作品之效。

為何不可錯過藝術博覽會？

國際上有不少大型博覽會引人矚目，包括最近被巴塞爾買下多數股權的Art HK，以及老牌藝博會Art Basel。2011年的巴塞爾藝博會共吸引六萬多人前往，創下歷年紀錄；每年造訪巴塞爾的觀眾裡，每四人就有一位是藏家；在VIP預展時，有1/4的作品就會售出，這樣的記錄，目前還沒有任何博覽會能與之媲美，此為歐美的傳統收藏文化，所建立起來的基礎。

所謂的「藝術博覽會」，可說是畫廊產業的嘉年華會，從各地藝術博覽會的規模與成交狀況，其實也代表著不同地區的經濟狀況。畫廊平常雖有交易，但多半會留下不少精品，在重要的博覽會上亮相，藏家們也都深諳這個遊戲規則，選擇此時飛到博覽會買作品（當然VVIP可能早在畫廊，就搶先看到這些作品）。那麼，為何畫廊要把最好的作品留到博覽會？因為在畫廊裡，辦一次個展，頂多有上百位觀眾，但在博覽會裡，短短幾天的人潮，就可上達三至五萬；此外，在博覽會中，每間畫廊端出的作品、設計的門面、呈現的專業度，都是一個品牌的效應，也是讓參觀者在經過攤位時，判斷是否要走進該畫廊的依據，加上停留在每間畫廊的時間可能都只有幾分鐘，所以如何抓住潛力藏家的目光，除了好的作品與上述的因素，在在都扮演了重要的角色。

對一般的藝術愛好者來說，現在國內常舉辦不少好的展覽，部分看完米勒、畢卡索、夏卡爾展覽的民眾，希望了解藝術市場，即可走進藝術博覽會練眼力、做功課，例如台北國際藝術博覽會即為選擇之一。在博覽會

的展場中，多達一百多間畫廊、上百位藝術家、上千件作品，一天之內可以看完，若平常想一次看足這麼多作品，是非常困難的。任擔任畫廊協會祕書長期間，我發現許多入門藏家，第一張入手的畫作，也是在博覽會購得，對於新入門的藏家而言，博覽會中的畫廊，皆是經過大會篩選後的結果，賣假畫的業者，就會被排除在外，所以對新入門的藏家而言，在此買畫是受到保護的。我常勸剛入門的買家，要到博覽會挑選自己喜歡的作品、跟畫廊老闆交朋友；並記得參加博覽會期間舉辦的藝術論壇，從論壇上藝術家、收藏家與畫廊負責人的分享中，獲取藝術知識與常識。而對於資深藏家而言，手上皆已握有VIP卡，可在公開展出前，以VIP的身分參觀博覽會，得到「first choice」的權力，所以一般藏家也多不會錯過這個機會。

至於對於圈內藝術家、學者專家、觀察家、藝評家、策展人而言，在博覽會中，可藉此觀察目前各間畫廊的概況，進而了解目前藝術市場的狀態，如各間畫廊旗下代理的新銳藝術家，或是有哪些中青輩的藝術家、壓箱寶的前輩藝術家作品在此釋出，藉著觀察每間重要畫廊呈現的藝術家與作品，了解整個藝術市場的發展狀況與趨勢。此外，像是美術館的典藏專員，平常要約藏家見面須花較多時間，在此也可與國內的VIP藏家見面，藏家捐贈美術館作品的社交場合，也在此發生，所以在ART HK上，會發現MoMA的副館長也出席該盛會，因為注意名家名作的去向等資訊，對美術館從業人員也十分重要。

另外，則是拍賣行專家、負責人等從業人士，我們常看到蘇富比、佳士得徵件的專家人員也都會參與博覽會，透過出席與觀察，可了解大藏家手中握有的作品、每間畫廊在推哪位藝術家的作品，以及其市場接受度、於市場上的迴響等，進而了解目前市場的趨勢。藉著這些資料，可成為往後在徵集作品時的重要方向，亦能更貼近藝術市

藝術博覽會是一個平台，圖為台北舉行的畫廊博覽會四景。

場。而對於投資理財型的藏家而言，除了是觀察藝術市場走向之處，為了要判斷特定藝術家在藝術市場的表現，他們也常會關注重量級畫廊帶來的重量級藝術家作品，在短短幾天表現的成績，以此判斷特定藝術家在未來前途的發展。而投機客型的藏家，就會在這個博覽會中，找尋下一個新興的市場明星，所以我發現，如拍賣行專家、投資理財型、投機客型的藏家，都會在博覽會上待上好幾天，觀察每間畫廊的成交狀況與市場趨勢。於第一天除了挑選作品，也會到VIP酒會上建立人脈關係；第二天則仔細觀察每間畫廊推出的作品；最後一天

則是看每間畫廊的成交狀況、市場的表現，以及最受關注的畫廊，並把這些狀況都記錄下來。

再來，即是獨立畫商、藝術顧問，這個族群是台灣近來興起的行業，如資深的收藏家、退休的畫廊老闆、第二代藝術產業的接班人、藝術產業相關從業的資深人士，或是藝術媒體，皆會在此收集資料、積累自己的能量，為往後成為獨立畫商與藝術顧問鋪路。像我自己的角色亦屬此區塊，在此也與讀者分享我做功課的方式：一般來說，我會到每個攤位上將我有興趣的、重量級的作品拍下來做為資料；然後再拍一張局部（做為技法與美學功力的參照）；第三張則拍右下角的圖卡說明；最後我會拍一張畫廊的名字，以便記得這些作品是由哪間畫廊代理，若能善用數位相機，就可聰明地做好功課。除了拍照記錄外，我也會向負責人問價、了解我感興趣的藝術家背景，以及他過去與現在作品的風格與價格等細節，記在筆記本上，再索取畫廊的目錄（當中有畫廊的相關資料與聯絡方式）。這樣累積下來，每年便有不同博覽會的資料，這些資料對於獨立畫商與藝術顧問，是非常重要的，藉由這樣龐大的資料庫，在扮演藝術顧問時，才能有篩選、分析的能力，也因有系統地整理這些代理商的資料，所以聯繫起來非常方便。

最後，則是畫廊老闆與二代接班人，藉由看其他畫廊的展出，了解其他畫廊的品味與方向，且在不同區域的畫廊之間，更搭起跨區域的可能性，讓博覽會成為一個平台，產生彼此合作的關係。投資是深度的收藏，收藏是深度的欣賞，藝術博覽會是個嘉年華會，除了看熱鬧外，其實很多人都在用心地做功課，所以對於不同角色的人而言，都不能錯過藝術博覽會。

價值／價格＝值價比

陽春白雪、文武雙全、登堂入室、雅俗共賞

2012年的台北藝術博覽會共計吸引四萬五千人參觀，參展藝廊由一百二十家擴增至一百六十家，總面積亦增加了50%。成交總額更達11億台幣，優於去年的成績，縱使因歐債危機等外在因素未能達畫廊協會理事長所預估的15億台幣成交金額，但仍能夠由亞洲各地畫廊的積極參與看出藝術市場「謹慎而樂觀」的發展狀態，亦顯示亞洲環境中不受經濟景氣影響的收藏家與投資者大有人在；謹慎是由於干擾因素過多，樂觀則是因市場穩健發展。面對來勢洶洶的巴塞爾香港藝博會，部分台灣藏家仍因有三十、四十年來的經驗積累，實力仍不容小覷，同年年底於歷史博物館舉辦的「清玩雅集20周年慶收藏展」即為一例。

這幾年因經濟發展及大量媒體報導，造成許多新面孔進入藝術市場，有很多人跳過一級市場的眼光培養，直接就到拍賣行去選購藝術品，亦表示拍賣市場於近幾年來慢慢地擠壓了一級市場。因為在拍場購得的藝術品及所產生的紀錄，一來提供價值的判斷，二來提供價格的參考，三者認為未來欲轉手時可再送回該拍賣公司拍賣，所以對於剛入門的買家來說是一個公開、方便且有效率的管道。但於經過2008年的金融海嘯衝擊之後，部分盲目的投機型買家踢到鐵板，也就開始重新學習，進入博覽會挑選藝術品，進一步帶動在博覽會中購買藝術品的趨勢。藝術博覽會近三年來的業績是優於畫廊的業績總和的，人潮與作品曝光率使部分畫廊於博覽會期間的成交金額，甚至會高達其一年業績的40%。

　　而當我在藝術博覽會中導覽時，最常遇到的問題即是「如何挑選藝術品？」。我認為挑選是一個極為複雜的過程，是難以預測且未知因素甚繁的，因此必須做足功課以提升眼力與眼光，並就自己的經濟能力來選擇相對的作品，我也希望藉此篇文章來回答這個問題。每一個人選擇藝術品時都是在判斷藝術品的價值、價格，以及其與自身的關係，因此我就想到了商品常使用的「性價比＝性能／價格」的概念，但藝術品是否等同於商品？我認為一但經過訂價就是商品，但因藝術品的同質功能性是較難以被界定且能量不同，也使得它們又不完全是商品，因此如何判斷藝術品的價值與價格成了首先需要探討的問題，我們或許也可以將之改成「價值／價格＝值價比」。而在藝術市場中藝術品價值的判斷可分為以下兩點：

　　一、藝術性的表現：藝術性的高低取決於感受、感動、感情，因為「喜歡」而產生的能量關係，使藏家於這樣的情況下所選出的藝術

1998台北國際藝術博覽會，我擔任畫廊協會祕書長時邀請草間彌生來台參展，她帶來200cm高、250cm直徑的大南瓜，訂價新台幣200萬元沒人願意購藏，現在至少可達新台幣3000萬元。如今巴掌大的限量南瓜及版畫都漲了二十倍。

品也比較不易隨著市場的起伏而波動，更加能夠扛得住風險。進一步會產生的則是如何判斷「喜歡」的價值之相關疑問，多數剛入門、未培養欣賞美學的眼光的買家傾向以平均美，即一般大眾的審美觀為出發點選擇；而與平均美相對的個性美則是指受過鍛鍊、天生對美有敏感直覺、具備美術素養的藏家對於作品的選擇基礎，導覽的目的即是希望使聽者能自平均美提升至個性美，自藝術家創作時的藝術性，包含觀念、哲理、技術、美學、材料等各面向判斷，也就是判斷藝術家的表現力。

　　二、市場表現：市場表現反映於一級市場表現（大畫廊經營代理）、大藏家的青睞與否、著名藝評家的評論文章、著名策展人的關注、藝術博覽會展露出所顯示出的需求量多寡、拍賣紀錄與價格走向，以及媒體曝光度等。

　　價值判斷之後須接著考量的則是價格的判斷，觀察每家藝廊的定

價與作品價格上漲的幅度並考量上述二者與精品比例及作品數量間的比例是否合理，因此判斷合理價格的能力是須要經過訓練的。總括而論，合理價格的判斷是必須研究其總平均值，意即從代理畫廊定價、藝術家自行販售藝術品的價格，以及博覽會賣出的價位所綜合推得之市場公定價格。另外，拍賣預估價格與實際成交金額雖有助於銷售，但是否為合理價格實為可議的，因此無法影響訂價，而僅能做為參考。

我覺得藝術品大致上可分四大類：陽春白雪、文武雙全、登堂入室、雅俗共賞。陽春白雪的作品為藝術價值極高的名家之作；文武雙全指的則是兼具藝術性與市場性的作品；而被歸類於登堂入室的藝術品則應具備裝飾性與時尚感，融入於家居布置並符合大眾眼光；末項雅俗共賞的作品呼應前述提及的平均美，為未提升至個性美之前的廣大購買。因此每一位藝術家頭上一片天，只要符合任何一項都有人購買收藏，然而要能走入藝術殿堂成為明星，是須要經過歲月及市場磨鍊的，要成為大師更是鳳毛麟角，因為他必須「四類俱全」，創造出一個能夠改變一代人欣賞觀念的鮮明獨特的風格。而改變一代人欣賞觀念的四個條件則為專家點頭（陽春白雪）、同儕認可（文武雙全）、觀眾鼓掌（雅俗共賞）、市場接受（登堂入室），例如近代齊白石、張大千、常玉、趙無極等即是如此。

因此，具備價格與價值的判斷能力時，藝術品才會符合市場選擇的概念，也才能進一步談論值價、比高低並出手購藏藝術品。值價比愈高時，該件藝術品愈是物超所值，即大陸藝術市場所稱的「含金量高的作品」。因此，回答各位的提問：請各位鍛鍊複雜的頭腦，保持一顆單純的心，挑選那些「值價比」高，也就是物超所值含金量高並且是您喜歡的作品！

收藏應是享受而非負擔

收藏是修養、投資是需求

很多人都對2012年的市場做了評論，從2008年底的金融海嘯衝擊之後，藝術市場一直因為經濟、兩岸等因素造成去年成為了谷底、也似乎是自1993年大陸藝術市場所開始的一個循環之結束。同時亦使2012年對一些不同層面、在不同時段進場的買家來說，是非常矛盾的一年。假使當初購買水墨畫、古董的藏家應是感到高興的，而以當代藝術品為投資標的的藏家，或許就會感到強烈的不安與負擔。在各地演講的時候總是會碰到本來享受收藏的藏家，卻因為覺得自己買的東西不夠精準而變成心理上的負擔，而這種負擔從何而來呢？事實上即是從藏家的投資心態而來的，當購買的動機並不是出自於對藝術品的喜愛、而是投機時，就極有可能產生這樣的感覺。所以，應從開始藝術收藏ABC做起，意即欣賞、購買、收藏的進程；培養對藝術品的喜好，慢慢從中建立自信，最終才扛得住市場的波動。

藝術投資跟不動產的投資其實是很相像的，能夠保本為首要，一筆投資是否成功，就決定於最終的回報。然而，市場的供需又決定價格，因此簡單又複雜的藝術投資就有著太多不可預測的因素。既使成功率不如房地產投資，但藝術投資最迷人之處，就在於其獲利往往會讓人驚艷。既然收藏是修養、投資是需要，「為收藏而購買」與「為投資而購買」即會開始有所區隔。「收藏是修養」指的是以收藏角度購買，了解大部分的投資在短期內是無法獲利的，首先享受擁有藝術品的滿足感，而非將增值可能列入首要考量要素。

　　藝術投資與藝術收藏是不盡相同的，以下就選擇從藝術投資的角度切入，討論藝術品投資的法則，建議投資型藏家，並幫助他們了解投資的箇中奧妙，以期不增加無謂的負擔。

　　一、如果口袋夠深的藏家，應選擇購買最具知名度、拍場表現強勁的大師精品，而藏家本身也得做點功課，結識良好的顧問、畫商，才不致買到造假的作品。

　　二、買喜歡的藝術品；享受喜歡的藝術品也是一種滿足，這種感覺會讓藏家增加自信，成為另一種形式的獲利，也才能在平均為七至八年的藝術品投資獲利週期中扛得住風險。

　　三、要向信譽良好、專業又資深的畫廊購買藝術品，如此將確保藝術家被市場、圈內專家及資深藏家所接受。大畫廊過去的業績總結、經驗會提供信心，使藏家得以放心。

　　四、要買已走進美術史的前輩藝術家的代表性精品，因已走入藝術史的創作者，在市場上已有一定的位置，就投資而言是相對穩定的。

　　五、要挑選所要購買的藝術家作品中的精品，而非將就浪費資金亂買一般作品。先從懂得欣賞開始，於接觸市場的過程中培養眼力及眼光後，才會知道如何挑選投資型的精品。

　　六、要慎選誠信的拍場並與之建立良好的互動關係，且須長期觀察、精挑作品。以投資而言，不僅得找到好的地方購入有潛力的精品，更需要有賣出的管道，因此保持與拍賣行互動累積出的正向能量，將會有助於增加流通管道，提高藏家脫手獲利的可能。

　　七、挑選誠信且願意替藏家再次銷售藏品的資深畫廊，並與之保持良好關係。此項與第三點唯一不同之處在於，由畫廊願意為藏家再次銷售其所購買的藝術品這點，即能看出畫廊老闆是否對於其所代理

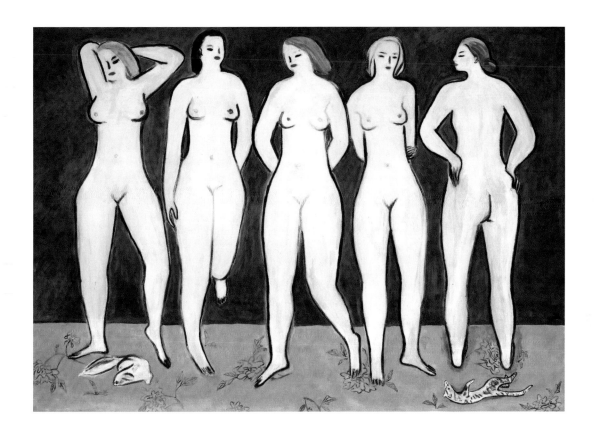

⚫ 常玉所作的〈五裸女〉為1994年台灣蘇
富比秋拍圖冊之封面，由國巨董事長陳泰銘
以約新台幣440萬元購入，然十七年後的羅
芙奧春拍卻以港幣1億2832萬元（約新台幣
4億7437萬元）拍出，刷新華人油畫世界紀
錄。現所知常玉的五十一幅裸女作品中，人
物多採臥姿，此幅卻是少見的站姿、大尺幅
作品，且色彩與人體結合呈現出東西方結合
概念，構圖巧妙並可看出人物間起承轉合
及其中氣之運行，因此得以於拍場上締造
紀錄，此一例即印證了文章中所說：藝術投
資時，要挑選所要購買的藝術家作品中的精
品。

的藝術家保有信心，以及個人對作品的喜愛程度。

八、要不辭辛勞；投資型藏家須經常觀賞畫廊舉辦的展覽、參加拍賣行的預展及活動，多看作品並研究藝術家於市場中的表現等，以發覺有興趣的藝術家，才能更精準地找到投資標的。

九、不宜貪心購買一堆不重要的作品，每一次購買前都須經過審慎思考，貪便宜小心買到假畫以致血本無歸。

十、不買藝術家風格與題材重複性過高的作品。

十一、不買與某位大師過於相似的作品，因如此一來，藝術家將會缺乏發展的空間。

十二、於拍場選購作品時，不買沒有著錄、無收藏歷史的前輩藝術家作品。

十三、不向畫廊購買不願意提供保證書的作品。

十四、不買藝術家的應酬作品。

十五、不買非藝術家主要代表性風格的作品。

十六、不購買非專業藝術家的作品。

十七、不購買來路不明的作品，避免收到贓物。

十八、買畫如買房，假使是以投資為出發點時，藏家們就必須研究出一套適合自己的投資計畫，而不能夠光買同一藝術家的一件作品，以便在作品於市場表現上漲時有足夠的籌碼可以釋出；因投資須適時保本，保本才能夠扛得住金融風暴的衝擊，且不使藝術投資成為心理上的負擔。

最後還是建議投資型藏家按部就班地遵循藝術收藏ABC的過程，寧可無物，卻不可無喜愛藝術品的心，享受收藏與投資的樂趣，購買既滿足又獲利的藝術作品。

踏入藝術收藏的獨門心法

完整剖析現今最夯的藝術收藏與投資標的

有潛力的年輕藝術家作品，也是小資藏家們很好的入手標的。圖為2011年的「台北當代藝博會」青雲畫廊展間現場，年輕藝術家詹喻帆（右）作品全數賣出。左為青雲畫廊第二代李宜洲。〔攝影／陳明聰〕

近年來，小資收藏族群崛起，有愈來愈多的白領新貴希望藉由藝術提升生活與品味，然而選購藝術品分為「收藏」與「投資」兩大學問，小資們如何以有限的預算，進入浩瀚的藝術市場、並找到適合入手的作品？以下提供小資們多項入門心法，讓新手藏家也能輕鬆踏入看似艱深的藝術收藏領域。

一、釐清收藏與投資心理

在美國，小資們是龐大的藝術收藏族群，與台灣的情況不太一樣──美國人習慣買畫、掛在牆上裝飾，對他們而言，這就像買家電一樣重要，一般來說，他們每年會花上10%的薪水，購買裝飾在家中的藝術品。所以，在台灣的小資們其實可以仿效這樣的財務分配與收藏模式。

103

購買藝術品分為兩大類，一為收藏，二為投資。前者是買自己喜歡的作品，所以可以很隨性，然而若是針對「投資」，則更需要認真做功課、提升自己的審美標準，並累積深厚的藝術知識；若藝術知識與審美標準未達一定基礎時，容易買到贗品或較劣質的作品。建議想踏入藝術市場的小資們，可到拍賣現場累積市場的常識與見識，再來就是多逛博覽會、畫廊，與畫廊老闆熟識後，將他們變成自己的藝術顧問，並從中學到知識與經驗，這些都是做功課的方式。

冷軍
蒙娜麗莎——關于微笑的設計
原創限量簽名版畫
2008
（圖版提供／陸潔民）

二、入手年輕藝術家作品的四大要素

小資們在鍛鍊好知識、累積好見識後，就可開始進行「收藏」或「投資」。若談收藏，主要有四種常見的情況，第一種，買主與購買的作品會「產生感情」，作品不見得價位很高，但卻能培養藏家的藝術涵養，當有朋友到家中作客，這件作品會讓彼此產生社交互動，並藉著這件藝術品引發社交話題、回憶旅行與看展的經驗。像是在國外看了馬諦斯的展覽，買了美術館印行的馬諦斯名作海報，並帶回來裱框後放在家中，這件物品既能有裝飾效果，又可以引發社交話題、點亮主人的品味，具有多功能性並滿足各種需求的作用。這就是為何家中要擺放藝術品的原因。

小資藏家們可從逛藝博會開始做功課，圖為2011年的「台北國際藝術博覽會」展場俯瞰。（攝影／陳書俞）

　　除了上述有紀念品性、個人喜好的作品類型，第二類收藏，則是較具有裝飾性的藏品，可為家中增添氣氛。第三類是與朋友交往產生的收藏，像是身邊有藝術家朋友，因而收藏其作品或收到他的畫作贈予，又甚至是半買半送的情況，從與藏家或藝術家交往而產生友情，後轉變為藏家者也不在少數。第四種是展示與收藏自己或是孩子的繪畫，像有的父母會把小孩的作品裱框裝飾牆面。所以，如果從喜歡的角度出發，上述這些情況皆屬「收藏」。

　　但若談到「投資」時，就必須要了解市場；了解藝術市場後，才能掌握作品在市場上的發展前途，例如可從近來各大拍場徵集的拍品與走向，了解目前哪些作品是較有投資性的。而知名年輕藝術家的早期作品，因為價位符合小資的需求，所以也很適合做為入手標的。挑選年輕創作者的作品，有四個標準可特別注意，首先是作者「獲獎經驗豐富」，假如你發現某藝術院校的藝術家畢業後，作品總是得獎，就可以好好注意他的作品。第二是「畫廊簽約」，像畫家畢業後就很

廖益嘉
陳志宏

這幾年，台灣出現不少攝影畫廊，如位於新竹的絕版影像館。圖為其參加藝博會時現場情況。（攝影／陳書俞）

快有畫廊和他簽約，也是很好的收藏對象。第三是「受資深藏家青睞」，若有資深藏家開始下手買這位藝術家的作品，也是個投資風向球。最後則是「受知名策展人、藝評人關注」，如果連知名圈內策展人與藝評家都為這位藝術家寫評論或辦展覽，就代表這位藝術家的作品很受關注，當然也是很好的觀察標的。部分年輕藝術家因作品具有鮮明特色，無論是在寫實技法、當代觀念上具有特殊性，若這些作品進到拍場後，其拍賣的結果，也都是小資們可以參考的訊息。

三、適合小資的入手標的

（1）名家早期素描、寫生、版畫作品

另外，還可以從名家早期素描、寫生、書法或版畫作品開始收藏，這些作品價位合理，但有增值潛力。而除了名家的限量版畫、原創或後製的版畫外，還有版畫家的版畫作品也是個很好的投資項目。名家後製的簽名版畫，是名家拿作品給版畫工坊製作限量的幾件作

這幾年，台灣也開始關注攝影市場，也出現幾個以攝影為導向的博覽會，圖為2011年首屆創辦的「Taiwan Photo攝影藝術博覽會」展場一隅。〔攝影／李依依〕

品，由藝術家看打樣後並調整，印出後再請名家在右下角簽名、左下角做編號，此為名家精采作品的後製限量版畫作品，這類作品在市場上是較為熱門的。

　　上述的這些作品，讓很多剛開始投資的藏家獲利，可見限量版畫有小兵立大功之效。例如早期韓國五大天王的版畫，剛推出時是1千塊美金一張，而現在平均翻漲了五到六倍；而中國超寫實風格藝術家冷軍的版畫〈蒙娜麗莎──關于微笑的設計〉則是另外一例，他把畫感光到膠片上用石版印到宣紙，一開始定價2萬人民幣，後來還有人喊價到8萬人民幣，漲幅很大，現在大陸拍場當代藝術較疲軟，寫實風格較盛行，因此冷軍作品大受歡迎。另外像張曉剛的版畫，起初賣8千元美金，算是較貴的，因為作品尺寸很大（約105×115公分）；後來當他原作大幅上漲時，他的版畫也就跟著賣得很好。

　　而版畫家製作的版畫，像台灣的潘仁松、廖修平等版畫家作品，也是可以注意的，如潘仁松精心製作的銅版畫尺幅都很小，一張大約

錄像作品近年來在台灣也受到不少關注，圖中為比爾‧維歐拉的錄像作品於博覽會展出現場。（攝影／吳礽喻）

1萬多台幣，藏家一次也可以購買多張，在家中可以組成多連屏。從投資的角度來看，限量版畫是很可以購藏的。

（2）近代名家書畫作品

另外，水墨與書法市場也是很好的選擇，像近代名家書法或近代名家小幅作品都很適合小資入手。如十多年前于右任的作品，在古董店內只需要2、3萬台幣即可購得，現在可能都已漲到5、6萬人民幣。這些小幅水墨或書法作品，都是小資們可以注意的。

（3）善用網路入手古玩

古玩部分，目前在台灣都可見於網路拍賣，像在雅虎奇摩網站上，有時竹雕作品台幣9千塊就可買到；但透過網拍購買藝術品，就要有些古玩的購買經驗與知識。若有興趣收藏古玩，得注意兩大原則，一是「喜歡的收藏」，二是「投資的概念」，若是為了喜歡而收藏，也就不會在意真假，像網路上某個瓶子極像乾隆官窯，挺好看

新媒體藝術在這幾年也受到關注，圖為來自於德國的[DAM] Berlin 1 Cologne於藝博會的展出作品。（攝影／陳書俞）

的，但它從1千元台幣起拍，每按一次競標就加上30元，這當然不會是真的古董，當然，在網拍中有時還是有好東西。許多人不可能一開始對買古玩就有見識，可是你可以用便宜的價錢來做研究，如果研究後，發現所買的東西是高仿品，還是算值得。小資們可以玩，但不要花太多錢，要把它變成學習和研究的樣品。

古玩很有趣，怎麼去看老筆筒、硯台、家具、窗花、衣服等都是研究的對象。也有些網站，有不少好字畫，裡面低價的，約1千元台幣左右就可成交，但也有20幾萬台幣成交的，代表有很多藏家認真在玩。要是古玩的「老態」不錯，就可以試試。

四、攝影、雕塑、裝置與錄像的藍海市場

「攝影」也是限量作品類型，以前攝影作品在台灣較不被注意，而近期開始攝影博覽會的出現（如Photo Taipei），代表現在時機較為

109

成熟。小資們在有限的價格中，可以買些攝影作品，因為目前較未被太多台灣的藏家關注，所以作品都不算太貴，約在1千至2千元美金左右，台灣也有些攝影畫廊，可以去看看。就投資來說，收藏時要注意畫廊的限量保證書、原創限量保證書，在未來作品脫手時可供證明。攝影作品未來有很大的成長空間，但重點還是要會挑選作品。

此外，小型雕塑或裝置作品對小資而言，也是不錯的入手目標。雕塑與裝置作品分為「學院」和「地方」（民間）兩派，前者是循著當代觀念創作的作品，以年輕雕塑家為主；後者則多是薪傳獎類的雕刻家或其徒弟，這類民間的高人不少，而作品也都不貴，是小資可以參考的收藏對象。

而在錄像藝術（video art）方面，其實以前較少藏家關注這塊收藏領域，但這二十年來，從巴黎龐畢度中心和一些國際畫廊逐漸開始帶動收藏，現在因為3C產品進步快速，所以這個品項愈來愈重要。而錄像收藏也讓藏家獲得前所未有的經驗，像家中有投影機或平板電腦或家庭娛樂系統，當朋友來家中時就可以分享這些錄像收藏。這些名家錄像作品，定價大約在6千至7千元美金，其他2千到3千元美金左右的錄像作品就更多了，當然小資藏家們需要與畫廊了解售後服務的細節，像是若在使用時有狀況，是否可維修等問題；其次要注意的，就是作品是否附有藝術家保證書與藝術家簽名。

五、以收藏傳承文化，薰陶小資第二代

談到收藏，其實範圍很龐大，就像有人收集芭比，或是貴婦型的小資專門收藏愛馬仕皮包等。收藏其實是文化的修養，有收藏的習慣並不是「玩物喪志」，而是「玩物壯志」，因為收藏是種文化累積的涵養，讓生活與古玩、繪畫連結，人生的精神層次有了富足，像是客

攝影收藏在國外行之有年，而台灣則到這幾年才開始較關注攝影市場。圖為Photo Taipei
中，「攝影三劍客」之一的李鳴鵰也到現場看展，莊靈老師正在抓拍的瞬間。（圖版提供／陸潔民）

人來訪，也有說不完的社交話題。

　　隨著接觸文物，人們的文化層次會豐厚；隨著接觸藝術，審美
能力也隨之提升，小資們可以享受這個樂趣，而這也會影響小資的
下一代成長。在擺放藝術作品的環境下，孩子生活在美的環境中，
就不會錯過美的經驗，他們的眼、耳、鼻、舌、身都會耳濡目染、
影響他們對美的選擇，也讓他們無形中產生自信。就像是面對兩碗
麵時，他知道哪一碗最好吃，兩首音樂他知道喜歡哪首，當小朋友
具有選擇能力時，他在人生成長的十字路口上，就有自信做出最好
的選擇，這就是父母在無形之中給孩子最好的文化傳承。不要以為
買一個老瓶子是浪費錢，其實它產生的文化影響是深遠的，人家說
富三代才懂吃穿，可見精神層面的傳承是在無形中養成的，這也是
藝術收藏帶來的影響。

講市場

丹青不知老將至，富貴於我如浮雲

二十二年前我遇到趙秀煥老師，引我從電子業轉行至藝術界，那時趙老師給我上課、講詩詞，而我最喜歡的就是這句杜甫詩：「丹青不知老將至，富貴於我如浮雲。」當時對這句話的粗淺理解是，一種自命清高的想法：不要錢，只是享受在繪畫當中。

但這幾年在藝術市場裡，從經紀人、管畫廊，到做畫廊協會祕書長、辦博覽會，去中國做顧問、中央美院做客座講師，太拍賣行當顧問，做拍賣官，以及「藝術ABC」廣播節目主持人等經歷之後，我現在對於這句話有了更深刻的理解：富貴對我來說如浮雲一般，它不是我主要的追求，而在藝術市場裡的洪流中，理想必須要走在錢的前面。富貴在丹青理想面前是微不足道的，但是你做對了，富貴反而會追隨。

縱使藝術品一旦有定價之後就變成商品，一旦成為商品就有市場，但藝術品終究不是單純的商品，因此在市場裡面每個環節的人，以錢為重和以理想為重，兩者的結果會很不一樣。這要怎麼理解呢？我們可以從藝術市場裡的五個環節來看。我在藝術市場中看到這五個環節的亂象，都是跟丹青和富貴有關。「丹青不知老將至，富貴於我如浮雲」這句話可以說是我對藝術市場的環保呼籲。

第一是藝術家這個環節，藝術家要是先想到賣錢，就會去研究市場、尋找受歡迎的風格，而不是創造他獨特的風格。這時作品的深度就會降低，沒有靈魂，只是徒有浮華技巧。但是如果藝術家不想錢，不理會市場

而「丹青不知老將至」地沉醉在創作當中，專注在作品中，不管是觀念、哲理、技術（線條、造形、構圖、色彩）、美學、材料，就都能做到完美到位，他的創作會愈來愈有深度，反而最後作品得到肯定而名利雙收得到富貴。

再來就是畫廊老闆和古董商，應該本著良知，努力學習、累積實力，發現好藝術家、好作品或是好的古董，介紹給大家，而不是因為要賺錢，睜一隻眼閉一隻眼去賣假古董、假畫。有的時候耐心的等待，勝過足智多謀的算計。要是能讓理想走在前面，就會積極而不著急，即使一時半會兒是賺不到錢，但一步一步經營之下，累積藏家的信心，畫廊、古董商做出品牌而得到藏家信任，之後富貴錢財就會跟著來了。

而對於藝術博覽會的主辦人，同樣要以丹青為上，本著為展商、為人民服務的理想，把自己縮到最小，挑選好的展商做好把關，爭取企業贊助做好文宣推廣，辦講座教育藝術愛好者培養藏家。如此一來展商對了，帶來好的作品，就會吸引人潮與買氣。如果每一次博覽會都進步一點點，那麼這個博覽會就會愈辦愈好。這也是在一個不貪，先把自己做好的情況下付出才得來的。若是只想著賺錢，對展商大小眼，又不願多花文宣費用，那麼只有走上淘汰一途。

再來還有二級市場的拍賣行，拍賣行負責人要是以賺錢為優先的話，把關就不嚴格，什麼東西都會收，就有護盤、拖抬、拍假、假拍、底標買回、聯合炒作……這些陷阱、煙幕彈，害很多剛進拍場的人掉進陷阱。雖然拍賣行有一個不保證真實的原則，但假如拍賣行老闆是本著誠信與善意，只想著把作品挑好，為買賣方服務，把拍賣平台做好，及長久發展的理想，收件時便會訓練專家，嚴格把關，排除所有假的、不對的東西，挑出精品中的精品，然後訂定合理的預估價

陸潔民收藏的于右任書法「丹青不知老將至，富貴於我如浮雲」

格。不貪、不想錢的公司會給人一個誠信的品牌概念，好的東西就會送進來，因而有好的藏家在場子裡，拍得就會比一般市場高，形成一個良性的運作，如此才有更多的人進入拍場。

最後一個就是收藏家。收藏是修養，投資是需要。在「丹青不知老將至」的健康心態下，收藏是要做功課的，從眼力、眼光去培養。當收藏家的理想走在賺錢之前，下手購買時沒有先想要賺錢，就可以享受收藏的樂趣，也不會因為貪，而買到假畫上當受騙。但收藏家想不想投資？會想到投資，但投資也很可能變成投機。如果是參透了「丹青不知老將至，富貴於我如浮雲」，不先去想投資這件事情，憑藉自己的好眼光挑對東西，並且了解合理價位之後，收藏會很有樂趣，也不會碰到陷阱，當然最後利益會隨之而來。

「丹青不知老將至」是一種喜愛到極致的興趣，造成的一種「愛」，就是喜歡繪畫、看畫、享受畫、收藏畫。因為太喜歡了，執著、享受在這樣的藝術生活之中，而壯大了對美的自信。「富貴於我如浮雲」是一種境界，並不是說「不要錢」，而是「不想錢」。也就是說，人要先努力充實自己，不只是一味去想錢，尋找自己所愛的工作並享受其中，然後展現實力，人們看到你的實力才會接受你。尤其在藝術這個領域裡「愈不想錢，愈有錢」！多少自信不足的、想賺錢的藏家，錯賣了自己的寶貴藏品。

必然買回她的歷史與文化
一個富起來的國家，

一個富起來的國家必然買回她的歷史與文化——這是藝術投資與收藏的黃金規律，而中國藝術拍賣市場的頭一個二十年，則再次印證了這句話。這二十年所形成的小周波，可分為四個時期：1992-1996年的拓荒期、1997-2002年的發展期、2003-2007年的成熟期，以及2008-2011年的收穫期。

1992-1996年：激情燃燒出的拓荒期

1992年10月，中國恢復拍賣業以來的首次大型藝術品拍賣會由北京市文物局等主辦，成交九〇二件拍品，成交額235萬美元，獲得全球五百多家媒體的關注。

1993年6月，上海朵雲軒舉行首拍，並派團到香港蘇富比、佳士得拍賣現場觀摩，學習拍賣技巧並培養拍賣官。這場拍賣會由文物鑑定名家謝稚柳開槌，成交額為835萬人民幣。稍早的同年5月，陳東升、王雁南、甘學軍、寇勤合組中國嘉德，而後於1994年3月舉辦春拍，共推出二四五件書畫，由文物鑑定大家徐邦達開槌，總成交額為1423萬人民幣。十七年後的2011年，中國嘉德春拍總成交額達53億，是首拍的三十八倍。

1994年2月北京瀚海成立，七個月後舉行首拍，總成交額達到了創紀錄的3380萬人民幣。1995年的中國嘉德秋拍中，文革中家喻戶曉的〈毛主席去安源〉創下中國油畫最高成交價605萬人民幣，這也帶動了「紅色經典」的收藏浪潮。

1997-2002年：金融風暴下的發展期

1997年拍賣界遭受金融風暴的洗禮，同年「拍賣法」實施，藝術拍賣從此有法可依。由於沒有夠強的買方市場，加上投機客多於收藏家，因而難以徵集作品，造成間歇性斷貨的窘境。1998年，北京瀚海春拍一直延到了8月，同年秋拍更直接拉到富裕的浙江紹興舉辦，這是拍賣史上頭一遭。1999年的總成交額縮水至1997年的一半，拍場十分冷清，相關從業人開始體認到，唯有腳踏實地、徵集好作品、培養好人才及服務買家，才能有所出路！

2000年嘉德秋拍，懷素〈食魚帖〉未達1000萬人民幣底價不幸流拍，可謂一大遺憾，好在一件「紅山文化玉豬龍」以264萬人民幣成交，創下紅山玉拍賣紀錄，也稍微提升了士氣。市場雖低迷但不乏亮點，2002年中貿聖佳秋拍，米芾〈研山銘〉以2999萬人民幣成為當時最昂貴的中國書法作品。

2003-2007年：非典危機後的成熟期

2003年後逐漸形成穩定的收藏群體，買家由歐美人、亞洲人、港澳台人，慢慢轉成了大陸人。2003年的一場大病──非典型肺炎，讓整個北京的春拍及藝術活動向後推遲了兩個月，但新領導階層的危機處理能力，卻給了投資人信心，非典後的拍賣市場讓人驚奇，7月初的三場春拍，四天內創造三個新紀錄：逾90%的成交率、80%以上的新面孔進場競標，以及3億人民幣的成交額。加以中國股市持續走低，大量熱錢流進了沒有阻礙的藝術市場，自此中國藝術市場進入了「井噴」式的快速增長時代。

2003年各大秋拍可謂大豐收，嘉德「王世襄、袁荃猷珍藏中國藝

術品」專場，一四三件拍品全部成交，總成交額6300萬人民幣，創造了拍賣史奇蹟。2005年北京保利成立，首拍即以5.6億人民幣的成績進入拍賣前三名，如今保利已穩坐龍頭。

2006年，中國當代藝術家曾梵志及被市場封為「四大天王」的張曉剛、岳敏君、王廣義、方力鈞的作品行情飆漲，同年有許多企業家涉足收藏領域，使得拍品價格水漲船高。這年，清乾隆「粉彩開光八仙過海圖盤口瓶」以5280萬人民幣成交，創下當時最高紀錄。傅抱石〈雨花台頌〉以4620萬人民幣成交，締造中國單幅作品最高紀錄。2007年，保利、嘉德相繼推出夜場拍賣，挾著龐大商機，藝術市場出現過熱的跡象。

2008-2011年：金融海嘯沖不垮的收穫期

2008年秋，受到美國次貸危機及中國股市、房市調控的影響，中國藝術拍賣市場發展趨緩，但無大跌，嘉德、保利都拍出了歷史新高。

2009年由於金融產品的鬆動，金融資本大舉進入藝術市場、藝術品基金、藝術銀行，甚至文交所這類金融衍生藝術相關投資產品，也走進了大眾市場。藝術拍賣市場由以往的藏家型規模，逐漸走向企業型經營。這年，中國藝術拍賣正式進入了「億元時代」，宋代曾鞏〈局事帖〉、明代吳彬〈十八應真圖卷〉皆以破億人民幣成交，後者更以1.69億人民幣創下全球中國繪畫成交紀錄。此中大藏家劉益謙、王薇夫妻扮演著重要角色，其投資理念是「愈貴的東西愈是有人要，愈有人要的東西愈是好東西」，該年成交額最高的十大拍品中有四件被劉益謙拍得。

2010年，全中國拍賣總成交額已達588億人民幣，並出現十多件

齊白石作品〈松柏高立圖‧篆書四言聯〉，於2011年6月在中國嘉德拍出4億2550萬人民幣。（圖版提供／中國嘉德）

億元拍品，包括黃庭堅〈砥柱銘〉、張大千〈愛痕湖〉、王蒙〈秋山蕭寺圖〉、王羲之〈平安帖〉等。

　　2011全年拍賣總成交額估計將上看七百多億人民幣，其中破億元拍品數量更創歷年之最。齊白石〈松柏高立圖 篆書四言聯〉以4.255億人民幣創近現代書畫世界紀錄，元王蒙〈稚川移居圖〉以4.025億人民幣成為古代書畫作品史上第二高價。

　　從中國拍賣市場第一個二十年的發展中，我們可以看見，雖然藝術品的價值並不等同於價格，但價格卻反映了國家經濟、藝術市場和市場購買力的趨向。所以說，一個富起來的國家必然會買回她的歷史和文化，藏家們可得掌握這條黃金規律，做足國際觀察的功課，以增加自信和判斷力，切記「千金難買早知道，行情總是在懷疑中飆漲」呀！

台灣畫廊協會二十周年

台灣畫廊協會於2012年6月8日屆滿成立二十周年！開畫廊容易，但要長久經營叫不簡單，而畫廊協會的成員有不少已營運超過二十年了，這很困難，也足見協會邁入二十周年的特殊意義。在這二十年中，我自己也曾擔任祕書長親身參與了三年，這是我人生中重要的轉捩點，我目前所參與的許多事務，都是從這裡展開的。回顧協會的發展，從中我得到一個有趣的發現：畫廊協會二十年中十任理事長的名字，恰好與台灣藝術市場的發展同步了！

台灣畫廊產業約莫始於70年代，至90年代初進入了收穫期，由於景氣蓬勃，大家的生意都不錯，光是阿波羅大廈裡就聚集了近五十家畫廊，賣畫的瘋狂故事一大堆。就在這樣的時刻，幾位畫廊老闆談到成立畫廊協會，那是1992年。

成立協會所需的人員、場地，都受到帝門藝術中心創辦人黃宗宏的支持，第一任祕書長蕭國棟便是自帝門延請過來的。值此藝術市場「金星」高照的時刻，首任理事長由阿波羅畫廊的張金星出任，他積極聚焦本土藝術家，於世貿一館舉辦首屆「台北國際藝術博覽會」，隔年更將博覽會拉到了台中舉辦。

1994年協會期盼國際化，提出「藝術的東南西北」的目標。那一任理事長選出龍門畫廊的李亞俐，為了回應協會目標，她積極赴美招商，1995年邀來了知名的紐約佩斯畫廊（Pace Gallery）及芝加哥理查葛雷畫廊（Richard Gray Gallery）。這兩年走上國際的效應

1998年畫廊協會首次帶團參訪大陸藝術市場（圖版提供／陸潔民）

發酵，整體銷售成績很好，使台北國際藝術博覽會晉升為「亞」洲最「厲」害的博覽會。

　　1996年發生金融危機，藝術市場頹軟，此時東之畫廊的劉煥獻扛起了付出貢「獻」的責任。他積極於國際招商，1996年邀請日本日動畫廊帶來梅原龍三郎作品，也奠定了1998年博覽會的基礎。

　　1998至2000年，台灣畫廊產業出現銷售本土、大陸作品的兩股勢力，在這波「濤」洶湧的時期，敦煌藝術中心的洪平濤出任理事長，並請我回台擔任祕書長。1998年，我們首度帶團參訪大陸的藝術市場。該年博覽會藉著劉煥獻的努力，邀來超現實主義大師馬塔及日本當代藝術教母草間彌生。由於我的父親當時正任職駐印尼大使，我經常赴印尼因而結識喜愛畫畫的白嘉莉小姐並且常一起逛畫廊，於是主動邀請白嘉莉回台擔任藝術大使，創造了極大的媒體效應。1999年，協會帶領12家畫廊赴北京參加中國藝術博覽會，這是台灣組團參加大陸博覽會的第一次。返台前我們聽聞了921地震的不幸消息，幾經商議，決定續辦當年的博覽會，並在會中舉辦慈善拍賣，所得捐慈濟做

2013年，與北京畫廊協會第一任會長程昕東（左）及台灣新任畫廊協會理事長張逸群（右）合影。

賑災之用。2000年，我帶隊赴歐參訪巴塞爾藝博會（Art Basel）。

2001至2002年，經濟持續不景氣，協會發展面臨了瓶頸，此時選出了長流畫廊的黃承志來「承」接協會發展的「志」業，祕書長則由熟悉本土藝術圈的石隆盛接任。2003年無人參選理事長，理監事會公推有台灣水牛精神的劉煥獻回任，繼續做出貢「獻」。景氣不好加上SARS疫情，致使博覽會停辦，這年劉煥獻帶領十四家畫廊參加了在首爾Coax展場舉辦的韓國國際藝術博覽會（KIAF）。2004年由於負擔不起世貿租金，博覽會移至華山藝文特區。石隆盛於祕書長任內積極尋求官方支持，終於在2004年首度爭取到文建會350萬的補助。這年石隆盛也領隊參訪了巴黎當代藝術博覽會（FIAC）。

在石隆盛的努力下，2005、2006年的博覽會爭取到文建會1000萬及900萬的高額補助，而這一任的理事長是觀想的徐政夫，他的名字台語諧音為「市政府」，恰好得到政府的大力支持。

2007、2008年經濟復甦，加以大陸藝術市場蓬勃，帶動了整個亞

畫廊協會二十周年慶規劃的「畫廊週」期間，尊彩藝術中心推出的彩繪熱汽球活動。（圖版提供／畫廊協會）

洲。2008年，博覽會回到了眾所期盼的世貿一館，該年史博館米勒展六十七萬觀賞人次的成功，帶動了博覽會參觀人數，一舉衝破七萬五千人，成交額7億5000萬，創下協會新紀錄。這一任理事長是首都藝術中心的蕭耀，祕書長為曾珮貞，真正是光「耀」門楣。

2008年的金融海嘯沒有影響到當年的博覽會，卻衝擊了接而繼之的兩年。家畫廊的王賜勇在此時上任，好似老天「賜」給我們「勇」氣繼續向前。

2011年，新苑藝術中心張學孔上任，祕書長為朱庭逸。度過景氣難關後，許多畫廊積極「學」習「孔」子周遊列國，赴各地參加藝博會。同時也走遊台灣島內，台北、台中、台南相繼舉辦了飯店型博覽會。

畫廊協會成立之初成員約六十多家，在最低靡的2003、2004年，掉到三十家，如今已經突破一百家了。畫廊協會向來就像個大家庭，現在更已不是單打獨鬥的時代，團結才是硬道理。目前已有二十多家畫廊傳出二代接班的喜訊，十分令人振奮，這些畫廊二代多在國外接受教育，擁有語言優勢，也熟悉網路行銷，期待他們可以帶領台灣畫廊產業穩健前行。

和大家輕鬆分享以上諸多有意思的巧合，請諸位看倌甭嚴肅看待。最後祝台灣畫廊協會二十周年慶愉快，也祝賀新近成立的北京畫廊協會發展順利。

年輕藝術家如何面對藝術市場

　　台灣舉辦Young Art Taipei飯店博覽會至今已五屆，我們可以看出整個市場似乎對年輕藝術家產生了興趣，提供了年輕藝術家面對藏家的另一個平台，這也彷彿成了他們進入市場前的擂台賽。年輕藝術家在市場上的表現愈來愈受到藏家、畫商的注意，而永遠需要新明星的藝術市場，在發掘新秀時的競爭也愈發白熱化；以往通常是觀察藝術家於畢業後幾年間的表現，進行自然的市場測試，但現在卻往往是到藝術院校的畢業創作展直接找尋有潛力的佼佼者。我因此也經常碰到年輕藝術家向我詢問何為進入市場前應有的態度、如何了解市場，我認為在回應這個問題之前，年輕藝術家們似乎應先了解的是藝術市場如何看待他們。

　　藝術市場於選擇年輕藝術家時通常取決於以下三個重點：鮮明獨特的風格、難以取代的技法、良好的品格與修養。剛入門的藏家在投資年輕藝術家時不應將投資視為首要目的，購藏作品其實是在表現對一名有才華的年輕藝術家的支持，然而對於享受於投資、對市場有經驗的資深型藏家來說，這卻是一個持續觀察的過程，並不僅止於一次的交易，因此也常會以前面所提及的三項重點來尋找有收藏潛力及投資可能的年輕藝術家。

◎「一克拉的夢想當代美學展」中五月天阿信的格言：「夢想絕對是血鑽石，只會從眼淚和血汗中誕生。」（圖版提供／陸潔民）

Ashin
阿信

給有夢的你的一句話

夢想絕對是血鑽石，
只會從眼淚和血汗中誕生。

那種：「賞我和世界不一樣，那就讓我不一樣，堅持對我來說，就是以剛克剛。」
這種破破的決心，讓阿信率著把夢想導出了形狀。
「夢想是鑽石，也是一顆血鑽石，因為所有的夢想，都是無面對血與眼淚提煉出來的！」

創作的過程建變變窗款，阿信的創作樣貌，通常是99%血頭期加上1%突破期，
如果寫不出一直很棒的歌，那一定是因為還沒有意過99%瓶頭，所以毫不放棄地隨處找尋靈感，
才有可能突破那1%，接近一首歌的完成。

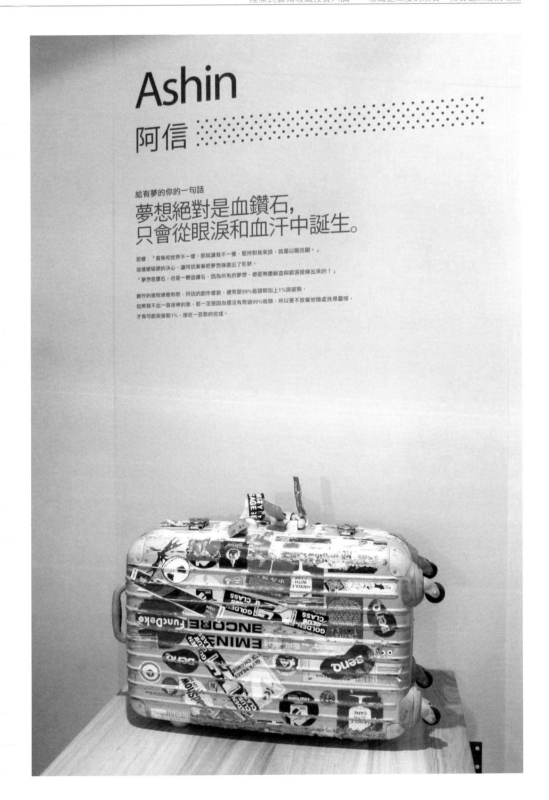

鮮明獨特的風格

具有鮮明獨特的風格能夠證明一名藝術家是天生對創作有興趣且有才華，具有發明新的視覺語言及展現藝術成熟的能力，創造出跟以往藝術史上大家不同的風格，且這個新的創作語彙並非空穴來風，要有明確的觀念與哲理做為支撐。因此年輕藝術家要認清自己的位置、創作是否來自生活而超越生活，使作品擁有耐人尋味的哲理。新風格的創造取決於美術與美學，且兩者須同時並進；美術是於下一段中將探討的「難以取代的技法」，而美學則是指美的規律與道理，也就是前述所説的深刻哲理基礎，它能夠幫助藝術家創造出一個新的觀念，從此觀念再進而演變成為新的風格。

難以取代的技法

當代年輕藝術家在發展的頭十年內面臨著比過往更大的壓力，因為市場除了留意美術基礎、造型能力、色彩感覺、構圖修養等技巧與才華的展現外，尚在觀察他們是否有突破的能力，產生出他人難以取代的技法。突破雖然是市場對藝術家的期待，但也不能一昧地為變而變，應專注於醞釀、積累自己的能量來面對突破的要求，於平凡中思考並發現不平凡。另外，一名藝術家是否有自覺性進步的可能，也是市場關心的面向之一，而最直接的方法就是判斷自其作品中的精品比例，由精品比例的消長可預測該名藝術家未來是否有發展的可能性，是畫廊擁有者、收藏家判定的重要指標之一。因此年輕藝術家須先清楚了解自己創作中的精品數量，藉由專注於創作、對每一張畫負責來提升精品比例，因一名年輕藝術家對自己創作的要求能於精品比例及精品比例是否提升中清楚地被展現出來。

良好的品格與修養

　　最後一點則是藝術家的品格與修養，意即他們面對創作和市場的態度，因為態度是習慣與行為的總和，也就是個性的展現，這也成為感受一名年輕藝術家的品格與修養的直接途徑。另外，由其與藝廊簽約的態度更能夠反映出這些年輕藝術家對於金錢的觀念及個人格局，也會進而顯露出其對於創作的執著與否，因此初接觸市場的藝術家應展現出對創作的激情，而不使金錢改變了自身對創作的態度。於訂定作品價格的同時，藝術家也在呈現自身對未來發展的看法，須於維持良好態度、尊重因簽約而與畫廊形成的短暫緣分並履行合約、對自己的作品有信心等前提下試著訂出合理的定價。於訂價時更不宜抱著與其他藝術家比較的心態，才能使作品在往後的各級市場中有成長的空間，讓肯定你、支持你、喜歡你作品的藏家吃甜頭，進一步維護市場的良性運作機制。

　　在了解市場觀點與規律後進行反思，年輕藝術家更應專注於創作，因為做出好作品才是硬道理，堅持創作激情、提升精品比例、積累突破的高頻正向能量，持續做對的事進而於市場內帶來好的機緣，之後便能夠吸引到同樣具備高頻正向能量的藏家與畫商及命運中的貴人，進而產生高頻正向能量的同頻共振關係。

藝術品如何訂價

在之前的文章中，我們曾多次談及如何判斷藝術品的合埋價格，也了解到這是藏家急需培養的能力。但「藝術無價」，原應屬於精神性、無形資產的藝術品一旦進入市場即成為商品，會受到供需等市場因素影響，因此該如何界定其價值亦成為藝術家於進入藝術市場前首先面臨的問題。

年輕藝術家如何跨出進入市場的第一步？藝術家於為作品訂價時應秉持著結緣價、市場價、割愛價的三部原則，於初進入市場時努力積累藏家、粉絲，以結緣價感謝那些於創作初期即接受、支持其作的藏家。年輕藝術家不必太糾結於作品的價格，因結緣價代表藝術家的修養、不貪，虛心誠意的與將要合作的畫廊討論，聽取畫廊老闆的意見，商議出合理的作品結緣價，不應以他人作品的價格做為自己作品訂價的參考，因為每個人的境遇皆不相同。此時若以時薪、材料等來計算，一幅中小型尺寸的畫作大約可得出1000至2000美金的結緣價，對於初步入藝術市場的年輕藝術家可視為不錯的數字，作品會說話，作品的價值才是決定價格的關鍵，而小心地面對第一次訂價實是為了第一次展覽做準備，第一次展覽的成功與否也會影響該名藝術家往後作品的定價，因此是非常重要的。期間藝術家不免思考調整作品價格的問題，漲價與否則是依作品銷售情況決定，若作品於開展時即銷售一空，50%至一倍是可以被期待的漲價空間，但作品若是乏人問津何以再行漲價？亦即「需求」決定作品的漲幅。

佳士得於2012年的秋拍以超過284萬美金高價拍出徐悲鴻的特殊作品，約為預估成交金額的七倍。包含喜鵲在內的畫面乍看屬代表性作品，但一高一低、各踞一方的喜鵲同時望向左方，將要乾枯的樹幹上長滿寄生的植物，隱喻突發事件與生死存亡的戲劇張力，蕭瑟的景物呼應題識：「不知何年何月何時何地，見有此景。憂國無益，寫來消悶。丙子危亡之際，悲鴻。」實屬反應1936年抗日時期藝術家心境的特殊作品。

經過幾年的鋪墊，建立了底層藏家網絡，穩定地舉辦了幾次展覽並得到藏家的惦記的藝術家漸擠身年輕名家之列，他們的作品於市場中也將邁入了第二階段——行情價，藝術家於此階段的考驗則來自市場觀察，精品比例、作品吸引力及其時代性與藝術性、藝術家的突破潛力、作品銷售情況等皆會被用以評估藝術品價格，而這些參考點則實際反映自藝術家的得獎紀錄、是否得到藏家、策展人與美術館青睞，媒體報導、藝術評論文章紀錄、是否有大畫廊經紀代理、拍賣紀錄、藝術家資歷、年齡、於國際、學術，以及藝術博覽會中的表現等，甚至配合文創產業的發展，相關產品的開發與授權也成為審視的標準。又因上述條件皆會出現於畫冊之中，所以藝術家也應定期地舉辦展覽，一為展現該名藝術家仍持續創作，二是為使外界了解其作中精品比例是否提升，三則是使人看見其突破潛力之發揮。這些因素皆是市場觀察的一環，目的即在判斷藝術作品的價格在市場中是否穩定，例如自2004年開始蓬勃發展的大陸當代藝術市場，因初期代表性畫家的急遽竄升帶動了

二線、三線的藝術家往上走，然此一容易為人所操縱的藝術市場又於2008年金融海嘯遭逢劇烈衝擊，每當大自然的力量湧現調節市場時，人們回頭檢視藝術品價值之餘，某些價格超過價值的藝術作品便直接受到影響，頓失市場並進入冬眠期，此乃市場的調整，所以在行情價階段藝術家必須扛得住金融海嘯的衝擊，而此時能夠承受經濟衝擊又能於市場中展穩住腳的藝術家確實是不簡單的，同時也印證藝術品物超所值的競爭力。

藝術家通過上述試煉，開始進入名家階段時，二級市場的考驗隨之而起，作品的價格也進入了最後的割愛價階段。價格是人類慾望的象徵，尤其是拍賣市場更加適合人性的發揮，針對拍場的觀察即在看作品的競爭力，作品於拍場中的表現也是支撐穩定行情價的因素，我們可以參考、觀察，但不能將之視為藝術家當時作品的合理定價，以避免非理性的割愛價影響藝術作品的定價。

一回與北京畫院的王明明院長討論藝術市場時，他提到經過長期觀察所發現的有趣現象，即大畫家通常有特殊作品、代表性作品，以及應酬作品等三類創作支撐其價格並造成市場活絡，雖屬自然發生但卻有著穩定作品價格的作用，與之前章節中所提及之藝術品四大分類（陽春白雪、文武雙全、登堂入室、雅俗共賞）能夠相互呼應。特殊作品指因感情、時代等因素所造就之無法複製的精采作品，扮演著領頭拉深行情的作用，代表性作品則為穩定支撐市場行情的主力，風格清晰，也就是精品比例的部分；應酬作品主要是為吸引剛進場或口袋不夠深的藏家，做為結緣、鋪墊之用。

而藝術家於了解各種可能影響作品價格的因素，以及市場發展與運作之後，更應專注於創作，畫出能夠維持市場價格穩定性的各類作品，因作品好才是硬道理，也才禁得起市場的考驗。

藝術家 vs. 經紀畫廊

在本書中，先前我從收藏應有的態度，講到收藏與投資，再講到老藏家的建議；而現在，我認為可以談談關於市場的議題——而市場裡面，最重要的角色就是藝術家。自擔任畫廊協會祕書長以來，我發現藝術家與畫廊分分合合，這種情況屢見不鮮，而這兩者間，就好比與百靈鳥的關係，你抓緊了，牠死了；你放鬆了，牠飛了。這種分合的情況，其實是人之間的問題，藝術家與畫廊間總是有諸多恩怨，我常聽到雙邊的抱怨，

而這樣的歷史總是再度重演，這是怎麼回事？

其實，藝術家找經紀畫廊，比找老婆還重要，此話怎講呢？藝術家若下定決心走藝術創作，這是條孤獨的路，其生命就建築在自己的作品是否能被社會與市場肯定，所以對於藝術家而言，作品是超越自己生命的，而藝術殿堂前的魔術師——經紀畫廊，就是要把藝術家推入市場、走入藝術殿堂，說不定還能進入美術史的推手；而老伴只是陪著藝術家在這條路上，給予鼓勵與支持，但能夠完成藝術家生命的完整性，只有經紀畫廊，但又有多少藝術家能找到這樣的經紀畫廊？

電影《征服情海》（Jerry Maguire，湯姆・克魯斯主演），正是道出了類似的情況，只是角色換為運動員與經紀人間的關係，當中有三句經典的對白，我覺得可以拿出來討論，第一、運動員對經紀人大聲地說：「Show me the money！」（讓我賺錢！）；後來，兩人發生爭吵，經紀人激動地大喊：「Help me, help you！」（幫幫我，也幫幫你自己！）經紀人的意思是：你分心了，你

為了家庭分心了、為了賺錢分心了，他希望這個運動員，回到當年不想錢的年代——也就是藝術家在苦的時候，在畫賣不掉的時候，那時畫得最好；作品愈賣愈貴時，反而品質下降，因為他分心了、專注力喪失了，這時經紀人就需要喚醒他，請你回到當時熱愛創作的時候。最後，在電影接近結尾時，也有一句經典，是經紀人向老婆說的：「You complete me.」（因為有妳，我才圓滿）。而套在藝術家與畫廊身上，找對了合作的對象，才能因彼此而圓滿。就此，我歸納了四點，想與藝術家、畫廊與讀者們分享。

第一、互相挑選：藝術家挑畫廊，著重的是風格與銷售能力，即是畫廊老闆的眼力、個性、品味與其畫廊風格；至於銷售能力，則建築在畫廊的藏家名單與銷售管道上。而畫廊挑藝術家，著重的也是風格，作品需要有鮮明獨特的風格、難以取代的技法、良好的品格與修養，以及是否有市場潛力。兩者相互的觀察，就能達到第一步「挑選」的成功。

第二、藝術家與畫廊的初次接觸：首次與畫廊的會面，藝術家應該要極其重視，不要邀畫廊到一間亂七八糟的工作室，也不懂得呈現自己。我建議藝術家們，與畫廊老闆約時間要準時、要把工作室打掃乾淨，並把實驗性的作品先收起來，再從所有的作品中挑選，把最好的、最精準的作品擺出來。而這兩者是互相的，畫廊老闆在拜訪前，也應做些功課，不要一進去就談錢，應先談談對這位藝術家作品的看法與其時代風格；再來，就是對市場的分析，即是這位藝術家在自己畫廊裡的定位，以及對銷售與業務能力的展現。在簽約前，市場測試（marketing survey）的展出，也十分重要，可判斷第一線市場的反應，接下來才談是否合作。而首次個展的專業分工，也是測試彼此的態度，相互展現專業能力，並是互相的考驗，從挑選作品、文宣、布

展、活動、周邊商品、配框、運輸、保險……，上述的成本分攤常引起爭議，然而這些都是小事，重點應放在銷售的成績與銷售能力上。藝術家切忌在尚未與畫廊老闆討論前，就自己印名片給畫廊的藏家，毀了畫廊的信任，不過，這也牽涉到與畫廊老闆的默契，這部分雙方應先談好。

　　第三、合約的磨合因素：當中四個重要因素，即是時間、單價、數量與總價。在合約的期間，畫廊給藝術家生活費，談好一年需有多少作品，由於時間也會影響單價、數量、總價等問題，一般而言，隨著時間，一開始的訂價應是偏低的（結緣價），給作品有漲幅的空間，每次個展成功，都是漲價的時機（市場價），等到作品長期在市場受肯定後，就可以走入「割愛價」。而一年的創作數量、給畫廊銷售的數量、展出的數量、賣出的數量，皆是為了要定合理價格及計算總價，因為銷售總價對畫廊十分關鍵，若銷售總價不夠，畫廊就不願意繼續合作，不過隨著時間，部分皆可以做階段性的調整，也須把此條款寫入條約。上述這四點磨合的因素，是合約最重要的部分，而不是辦展覽的分攤細節。

　　第四、作品還是最重要：一切合作的關係，皆建立在作品的基礎上。藝術家應該有自知之明，判斷自己是否適合當藝術家，若不是，請趁早改行，若是且又想成功，就請持續努力，因為耐心的等待，勝過足智多謀的算計；而若是狡猾的畫商，你大可做別的生意，何必來開畫廊呢？歸納上述幾點，不管你是單純的藝術家、還是狡猾的畫商，是精明的藝術家、還是善良的畫商，希望到最後，你們都能夠真心誠意地看著對方說：「You complete me.」！

經紀畫廊是藝術殿堂前的魔術師

馬可波羅畫廊經紀著名雕刻家波特羅作品

2011年，北京畫廊協會正式成立，由「藝術北京」的執行總監董夢陽擔任號召與發言人，我也因而受邀參加「畫廊走入新時代」的圓桌論壇；於此，我想藉著這機會聊聊「經紀畫廊」這個主題。

「畫廊」，是個好開但不好經營的事業，即開的門檻很低，但經營的門檻卻很高；而「經紀畫廊」這樣具有理想性、身為讓藝術家走入藝術殿堂的推手，經營更是不易。要談「經紀畫廊」，首先須釐清其定義，意即這間畫廊本身要有自己的收藏、挑選藝術家與作品的眼力，且經營者有心長期推動旗下代理的藝術家，並陪著他們成長，所以，在經營上就比一般畫廊來得更為複雜。當年，義大利藝術家莫迪利亞尼也是有保羅‧居雍（Paul Guillaume，經紀畫廊負責人）的幫助，才得以成功呈現他生前最重要的兩檔展覽，受到世人矚目，所以經紀畫廊實為「藝術殿堂前的魔術師」。而若要成為一間成功的經紀畫廊，以下三點是必須達到且做得周全的：

第一、與藝術家的互動：有眼力挑選藝術家與其作品

要成為有實力的經紀畫廊，倉庫裡不能沒有收藏，若自己沒有收藏作品，如何說服藏家跟著你走呢？所以這就是門檻。但經紀畫廊又要收藏、又要推薦作品給客戶，似乎很兩難；我看過最高明的做法，就是經紀畫廊與藝術家互動時，具備挑選作品的眼力、能挑出所有的精品舉辦展覽，所以每檔展覽挑出的作品，數量都足以讓藏家挑選，而自己也能留下賣不出的精品。所以它們大多都循著展覽三部曲的模式進行：開展前，先讓VIP藏家挑作品，挑完再公開辦展覽，讓一般藏家來挑選，到最後沒有賣掉的作品，就自己留下來（每張作品原本就是自己挑出來、都是自己喜歡的）。倉庫中的作品，也藉由每次的展覽而逐漸累積，並且進而培養出一批固定的收藏家；於是等到隔年舉辦同位藝術家的展覽，又可再度賺到差價。換言之，這說明經紀畫廊一定要有精準的眼力，挑選藏家看不到的好作品，上述也是與藝術家互動的主要細節，所以經紀畫廊與藝術家的互動，就變得親密而複雜，與藝術家建立互信的關係，也是在互動中很重要的一環。

經紀畫廊在一年之中，都會有一兩檔較具實驗性、較不跟隨市場主流的展覽，這也告訴藏家，它有意發掘具潛力的藝術家，而且有看到未來前景的能力。一間長期運作的經紀畫廊就像個花園的園丁，一年有1/3的展覽是著眼於收成花朵（讓畫廊活下去的能量）；1/3是正在培養花苞（讓收藏家用結緣價，擁有藝術家的早期作品）；而另外的1/3則是正在醞釀種子（培養一些在市場上還未受到矚目的藝術家，等待下波市場趨勢）。

第二、與收藏家的互動（與客戶的關係）

　　經紀畫廊最重要的工作，即是推介藝術家作品，再來則是培養收藏家。經紀畫廊在經營客戶上，主要是從定位、尋找客戶開始，再來是保養客戶，最後才是服務客戶。所謂「保養客戶」，我曾在荷蘭時與當地畫廊聊到這個話題：他們每個月與每隔三個月，會各寄一封信給客戶：每個月寄的信是所謂的「outer letter」（外緣藏家信件），即是所日曾踏進畫廊或博覽會展位的客戶，每個月從中選取部分寄出。而每三個月的「inner letter」（親近、主要的藏家信件），則是寄給曾買過作品的客戶，發給他這幾個月來，該藏家有收藏或喜愛的藝術家最新報告，讓客戶就算沒有踏進畫廊，也能持續掌握這些藝術家的最新展覽動態、國際新聞與市場行情。我們也時常發現，一間專業的經紀畫廊，其服務是跨出業務範圍的，包括替客戶的居家裝潢找設計師、幫客戶代為換畫框、代為出售作品、陪客戶到國外的博覽會選購作品，甚至幫客戶送拍作品，這樣周全的服務，才能跟客戶產生長久而合作的關係。

第三、在藝術產業界的推動：當中主要分為四點：
內部／客戶管理、行銷管理、財務管理、作品管理

　　（1）內部／客戶管理：包含內部人員、行銷、客戶資料等系統的管理與更新。隨著與客戶互動而日益了解對方，客戶的生日、周年紀念日、家居風格、他較為喜歡的作品風格及色調，曾經收藏的作品等都需要更新與建檔，才能把「客戶保養」做得周到。

　　（2）行銷管理：就是辦展覽、策展的方向、文宣（藝評文章、新聞稿、畫冊、廣告）、布展、記者會、酒會、保險、運輸、拍照等

細節，定期舉行業務會議研究訂價、銷售事宜以及舉辦活動（如配合慈善、精品名店、人型博覽會辦活動）。

（3）財務管理：除了有眼力挑選藝術家與作品、定位客戶，並在管理、行銷做好之後，財務的掌控也至關重要，當中的成本、周轉、庫存概念更是關鍵，經營畫廊的門檻這麼高，原因也在此。上述的種種因素，皆是決定畫廊是否能長久經營的生存關鍵，或許有些小畫廊在沒有資金的狀態下，慢慢經營起來，但它仍有著經營的成本概念、周轉的活力、庫存的想法，因此還是可以經營的很順利。

（4）作品管理：隨著市場的變動，作品要定期盤點、活化庫房，並整理作品出售，讓倉庫留下件件精品。

上述都做到了，經紀畫廊就可以是芸芸藝海的領航員、藝術殿堂前的魔術師，當然也是藝術市場裡的推手，他的作為決定了藝術家是否可發光發熱，進而往藝術殿堂邁進。發掘靠眼光，推動則靠精密的計畫，兩者都很重要，眼界與膽識，皆是一個成功的經紀畫廊所該具備的條件；取捨靠智慧，一個有自知之明的畫廊，雖然在當下的能力有限，但不會讓一個被看好的藝術家因他而埋沒，而會任其翱翔、協助他更上一層樓，一個好的伯樂，必須知道他該在什麼時候出手與放手，畢竟這是他的千秋大業。

如果，我們可以為一個成功的經紀畫廊負責人，畫一幅畫像，他最希望看到的背景，應該不是躋身豪華富貴之流，也不是因為他的炒作，讓藝術家與自己從此名利雙收；他應會希望被畫成有一雙睿智的眼光、氣宇軒昂的有識之士，很驕傲地遠遠望著自己挖掘的藝術家作品，終於被懸掛在美術館、博物館的牆上，供世人欣賞，他的滿足應該來自看到人們魚貫入場，爭睹一位昔日沒沒無名的藝術家，因為他的拔擢推動，進入了藝術殿堂而化為永恆。

一運二命三風水，四積陰德五讀書，而個性也往往造就人的命運。

對藝術家而言，其生前的命運，決定作品的命運；而死後的命運，則取決於作品的命運。藝術是永恆的，不受藝術家的生命所限，好的藝術作品可永久流傳於世。我曾提過成為大師的要素有四點：大天才、笨工夫、修養深、壽命長，這些即來自藝術家與生俱來的命運，或許讀者以為這樣是消極地認命；但本文想談的，是如何從手相中了解自己，進而知命用命。

在看手相時，男性以觀察右手為主，即後天自己創造的命運；左手則是先天命運（女性則相反），若後天的手相不佳，先天的手相不錯，有彌補作用；若後天手相很不錯，先天不佳，則有扣分的情況。畢卡索曾留下了右手的石膏像，讓我們得以有機會從手相了解這位藝術大師。

學會觀察手相後，如果藝術家發現自己的事業線不好，那麼就找個好的經紀人，幫忙行銷作品，不要單打獨鬥；如果六秀紋（位於無名指下，俗稱「成功線」，可視為才氣線，主其人有貴人緣、異性緣、智慧高、富第六感、審美觀，可在藝術及相關行業獲得成就）長得漂亮，在事業上就容易成功，以畢卡索的六秀紋為例，他的六秀紋通過了事業線，甚至延伸至生命線，有此種手紋的人，其年輕的運勢欠佳（畢卡索坎坷不遇的藍色時期）；中、老運佳且榮華名利雙收，可得妻助（歐嘉為其古典時期的繆思，賈桂琳則扮演其經紀人與祕書的

藝術家死後的命運，取決於作品的命運

藝術家生前的命運，決定作品的命運；

角色）。一般藝術家多有六秀紋，若加上無名指（太陽指）長得好看，在文學、藝術皆有不錯的造詣。

畢卡索的手掌厚實，故生命力很旺盛，加上他的生命線（健康線）圍繞著金星丘，且金星丘十分飽滿，代表健康狀況很好，因而他長壽。他的第一火星丘，雖然飽滿但有褶紋，代表單打獨鬥、獨自創作。生命線內側的半圓弧線，即是貴人線，若出現這些線，代表一生遇貴人機會多，如畢卡索當然有清晰的貴人線，他的情人、朋友、畫商、藏家皆是其貴人。

而畢卡索的事業線，從手掌中間往上走，代表這個人自食其力、靠自己（若從生命線裡走出來，則是靠家裡），畢卡索的事業線由下往上走得很順暢，說明他在專業領域裡，按部就班往前走，所以事業能走得很順（並非是名利順暢，而是指專注度）。此外，畢卡索的事業線通天（從手掌底通到中指下），代表其過世前一年還在工作（作畫）；但其事業線發展到智慧線時，卻出現彎曲的轉折，以手相的流年來說，當手紋往上延伸時，智慧線以上約是發生於四十五歲以後，而畢卡索這個轉折，即是在四十六歲時，遇見情人瑪莉─泰瑞莎·瓦杜爾，藝術風格也從立體派漸走入變形時期，個人風格轉為強烈，因而成為20世紀的藝術大師。

畢卡索的智慧線分叉，故能文能武、才華橫溢；而大拇指厚實，一生事業有成，但婚姻大多欠美滿。所以當我們觀察藝術家的手相時，主要可從其身體、貴人、事業、才氣、成就等幾項著手。小指頭下的線，則是努力線，主其人身體健康、有百折不撓的奮鬥精神，且

◉ 畢卡索的手掌模型，1943年攝。（畢卡索時年六十二歲）（此圖為設計圖片）

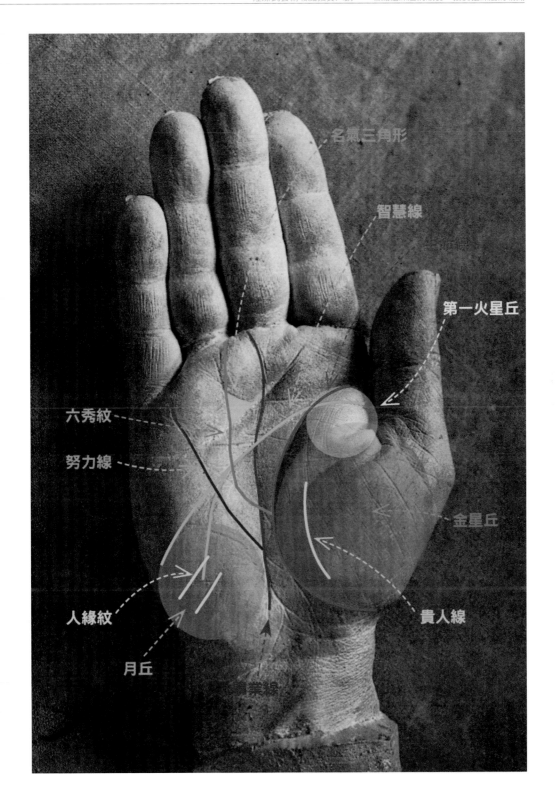

性機能發達、中老年可得異性協助，並懂得經營自己，事業上可得奇形發展。

另外較重要的手紋，即是人緣紋與捧場紋（位於月丘、向上的斜紋），主其人會給人第一印象頗佳，有此紋者多從事文學、美術、演藝、表演、自由職業工作；再加上六秀紋，必主有成。若藝術家有不少人緣紋，即代表有人捧他，當然就容易有畫廊緣、收藏緣、拍賣緣、藏家緣……。而六秀紋、感情線與連結兩者的小線所形成的三角形，即是名氣三角形，畢卡索的名氣三角形就十分清楚。所以藝術家們，不妨可參考自己的手相，進而知命用命。

藝術家生前的命運、命中帶來的狀態，決定其生前作品的命運，意即他公關能力很強、貴人運很強、捧場人緣又多，就會較好找畫廊做代理，又容易遇到藏家買畫、容易受到他人的幫助，這樣的命運也就決定了作品的命運；但如果他作品的藝術性不夠，死後就只會銷聲匿跡。觀察手相，對收藏家與投資者的啟發，即是雖然有的藝術家生前名氣很大、作品銷售長紅，但實際上作品卻不夠好；若以投資角度來看，不妨在其生前收藏，但記得從藝術的角度，判斷其作品是否有前途（並非是藝術家生前的前途；而是其死後作品的前途），假如藝術性不夠，最好在他過世前賣掉。希望以這些心得，提供給收藏家與藝術家做為參考。

從「五子登科」談台灣畫廊經營

當不少年輕創作者跟我提起他們不知道要怎麼去挑選合作的畫廊時，我覺得或許是時候再來談談有關畫廊經營的問題。事實上，在台灣的畫廊產業裡，目前也進入了二代接班的階段，當新一代的經營者加入後，許多新的觀念與經營方式也應運而生。包括網際網路的運用或國際化的操作等等，這說明了台灣的畫廊業的確進入了一個全新的狀態。這裡想提出一些長期觀察台灣畫廊產業後所獲致的心得，與目前正在線上的業者分享。

在談到一個成功的畫廊經營者必備的條件時，我想借用一個大家已經耳熟能詳的民間諺語──「五子登科」來做進一步的說明。傳統上以擁有了房子、車子、銀子、妻子、孩子等五子作為評估成功與否的標準，那麼就一個成功的畫廊來說，應該具備的又會是哪五子呢？我覺得應該是點子、底子、裡子、面子和場子。

點子意指「一種靈活的應變能力」。這部分主要在於對自己與外在環境的認識，以及在這種認識底下，如何能在瞬息萬變的市場發展與金融環境之間掌握對自己最有利的條件。這部分包含了在持續有新血加入的藝術家群體中，如何挑選真正適合自己經營屬性的對象，也包含嫻熟於各種經營方式以利度過必然出現的景氣寒冬。例如之前的金融海嘯，據我所知就有不少畫廊是透過二手市場的銷售成果來平衡一手市場中無可避免的虧損。這種應變能力的靈活度，尤其與經營者的人格特質、資歷，以及社會網絡都有高度的關連性。

第二個條件是底子，這部分主要是個人鍛鍊的技

術，基本上，畫廊經營者必須具備眼力，也就是能從各式各樣的藝術表現中，挑出具有潛力、藝術性、完整性和雋永性的創作者來，同時也包括能夠辨別藝術作品真偽的專業能力。這部分事實上可以透過學習獲得實力的累積，包括專業書籍的閱讀、與收藏家的切磋，以及相關領域的廣泛認識等。

第三個條件是裡子。所謂的裡子，首先指的是經營者是否具有對藝術家、客戶（收藏家）負責的中心思想，願意對藝術家負責，才會積極思考應用哪些有效的方式推薦藝術家的作品，而願意對收藏家負責，才會持續投入各種專業能力的提升，換言之，就是理念、價值觀及工作態度這類屬於抽象範圍的根底。不過在此之外，畫廊還需要具備現實上的裡子，這部分包含了充足的經濟實力與豐富的作品收藏，因為許多收藏家也都是這個領域的專業者，他們總是如同鯊魚一般在大海裡尋覓具有各方面潛力的對象，如果畫廊經營者沒有足以吸引他們的藏品，很難與其維持長久的關係。然而，要能讓自己持續有著足以吸引收藏家的物件，也就意味著要有相應的財力。

第四個是面子，這部分包括畫廊所選擇落腳的地點、門面與空間的設計，以及工作人員的專業訓練等，總言而之就是一個畫廊對外的整體包裝。除此之外，另一個層次的面子，指的是畫廊經營者能否展現出自己具有與其客戶相同等級的消費能力與品味，諸如能夠辨認出特殊品牌或款式的車子、珠寶、錶、紅酒等高消費品的判斷力，同時也能以展示自己的生活方式來進行對收藏家的說服，因為當收藏家真正地認同你的博學與品味之後，也就更可能信賴你對他提出的建議。

最後一個是場子，這部分主要指的是開發客戶的能力，從客戶的開發，到接續對客戶的了解、對客戶的服務再到對客戶的「保養」，必須能讓客戶時時感受到畫廊對他的了解、關心與照顧，如此才能延

當一個個國際畫廊博覽會持續在不同城市發生，意味著畫廊經營已經進入了一個全新的時代。

續並擴大自身客戶資源的基礎。現在因為整體環境的變化，新一代的畫廊經營者，也開始透過各種現代工具來進行對客戶的服務，包含了透過網際網路更全面地為收藏家搜尋藝術品，同時也在客戶需要時協助完成交易，這類服務隱含的專業包括語言與對國際間資訊的掌握能力，而這也是第二代畫廊經營者可能優於上一代的條件。不過談到維持與客戶的長期關係，其實最主要的關鍵還是在於畫廊是否可以讓他的收藏家們「獲利」，而且是在正派經營的基礎上，換言之，不是靠投機或賣假畫這類違反道德的行為，而能讓收藏家從收藏裡得到實質的利益，如此，才可能與客戶維持長時間的關係，而要真能做到這點，就要看畫廊經營者是否能夠「五子登科」囉！

擁有一幅自己的肖像畫

不久前帶著兒子去國立故宮博物院觀賞「幸福大師——雷諾瓦，與二十世紀繪畫特展」時，看到一幅肖像畫——〈安麗歐夫人〉（Madame Henriot），畫中安麗歐夫人立體的五官、靈動的眼神和優美的姿態，使我和兒子不約而同地認為與美國女星安海瑟威（Anne Hathaway）極為神似；如此相似的臉龐，不禁讓我想起肖像畫令人著迷之處。在東、西方美術史的發展上，肖像畫都是一個重要項目，在西方更是歷史悠久的傳統，畫家不僅會畫自畫像，許多王室貴族、宗教、政商界的人物也都留有畫像，此傳統一直延續至今，例如紐約某大銀行的總裁退休，在他退休的宴會上，公司便會送他一幅肖像畫。

美國紐約有家專營肖像畫、已有七十年歷史的肖像畫廊（Portraits, Inc.），客戶可翻閱二、三十位畫家的作品，從不同風格、知名度、價格來挑選喜愛的畫家為自己畫肖像；台灣沒有專營肖像畫的畫廊，但有許多畫廊會請代理的畫家來為客戶畫肖像。那麼，若想擁有一幅肖像畫需要注意什麼呢？本篇從選擇畫家與風格、價格和態度這三方面，提出幾個思考方向：

在選擇畫家與風格上，可分「緣分」和「選擇」來談。若你和一個畫家交友多年，建立了關係，這關係會使你想要請他為你畫一張肖像畫，這便是「緣分」；而「選擇」則是你去挑選喜歡的畫家與風格。畫家的畫風各有不同，所以在挑選前要先做功課了解畫家，在了解風格後，「選擇」又會因目的而有所不同，如要送禮

安麗歐夫人照片　國立故宮博物院「幸福大師——雷諾瓦與二十世紀繪畫特展」
現場〈安麗歐夫人〉畫作（攝影／陳芳玲）

便要以送的對象的需求為主；若是要留給後代子孫一幅寫實的肖像，
讓他們看到自己光輝的人生狀態、或是喜歡較為寫意、以抓住神韻為
主的話，那就要挑選可以呈現那般風格的畫家。不管目的及選擇為
何，一旦選定了某種風格，就要尊重畫家，讓他自在地發揮，這是很
重要的。我曾碰過一件案例，委託的太太在和畫家初見面時，表明
畫家可自由創作，但在畫的過程中，這位太太卻開始抱怨眼睛畫太
小、皺紋太明顯，到後來連手上翡翠鐲子的綠色都不滿意，最後竟找
了張自己年輕時的照片給畫家「參考」。畫家在被干擾之下把這位
太太畫成了蠟像，委託的太太當然不滿意，在幾次來回修改後勉強

美國女星安海瑟威

成交。有些畫家是可以接受你所提出的需求，到底肖像畫的委託是有服務性質的，雷諾瓦不就美化了安麗歐夫人嗎！（見安麗歐夫人照片）。所以，在委託畫家畫肖像時，要有心理準備，讓自己能夠承受結果，也許剛開始會不適應畫家的風格，但若持以尊重態度，日後便會慢慢認知畫家的觀察力而接受、欣賞畫家用心表現所畫出的你。

　　價格的部分，肖像畫在價格上分成很多不同的層級，如在觀光景點擺攤的畫家，在短時間內為客戶畫幅粉蠟筆畫像，這種是比較便宜的；也有一種是委託畫廊，被畫者並不一定會碰到畫家本人，但須提供喜歡的照片數張，經過一段時間便可交畫，運氣好時，畫像會達到傳神的效果，但也有可能只被畫了張像照片的浮面肖像，這種方式的花費約在幾萬元以內。較常見的是委託畫廊代理的肖像畫家，畫家在作畫前會與被畫者經過細膩的相處交談和拍照，以求更精確的捕捉到其神韻，但價格也相對提高。以紐約的肖像畫廊為例，價格從幾十萬到二、三百萬元不等，依畫家知名度、風格、尺寸及人數會有不同的計費標準，如半身或全身像、個人或一家人群像等。選定畫家後，畫家會帶著相機登門拜訪，在有限時間裡了解被畫者，從提問的過程中去捕捉其神采飛揚的模樣；會面結束後，畫家會依當天的觀察及照片

趙秀煥老師為我畫肖像　1991

白敬周為我畫肖像　1992

　　畫下幾款草圖和被畫者討論，與此同時，畫廊也會談妥畫作的價格，
之後客戶便可和畫家面對面，開始享受被畫的過程。

　　態度方面，訂購人是要美化家居、展現藝術自信引發社交話題、
收藏或投資、是享受畫家藝術風格或是把美留下來，進入永恆？這和
訂購人的態度及畫家都有相關，自己的肖像畫不太可能在短時間內賣
掉，所以肖像畫不見得有直接的投資意義，當然，若是委託拍賣場上
已經出大名的畫家創作肖像畫就另當別論；所以，你的態度是什麼，
便會讓肖像畫產生不同的意義及價值。而肖像畫又有何意義和價值
呢？從家人方面來看，肖像畫可做為家族的傳承，使家人可以懷念，
並從你所挑選的畫家這個選擇及傳達出來的結果，向後人述說你對藝

孫浩為我們一家畫肖像　2011

術的喜愛和理解；而與朋友之間，肖像畫能引起大家的討論，引發對美的心得交換；與畫家之間，假如在生命中，因喜歡某個畫家的風格、或為了支持某個年輕畫家而請他為你畫一張肖像畫，你把這個任務交給了他，便和畫家會產生某種關連，就如我們看莫迪利亞尼與他的畫商之間的關係一樣；而與藝術之間，可以為你這輩子喜歡藝術這件事情上，畫上個驚歎號。但最重要的是，一張肖像畫會記錄你一生對藝術喜愛的高度及你和畫家之間的感情，給予後代一個懷念的機會，傳達一個對肖像畫的理解，所以不妨給自己機會，讓自己擁有一幅肖像畫！

參加李民中肖像計畫合影

李民中為我畫肖像　2012

與呂浩元合影

呂浩元為我畫肖像　2012

講拍賣

複雜的頭腦和單純的心

佳士得在台北舉行的20世紀中國藝術拍賣預展

　　似乎每當藝術市場過熱時，大自然的力量就會湧現，調節這個比較容易受到人為操作的藝術市場。而每次「大江東去浪淘盡」的時候，資金就會流向一個比較沒有阻力的地方。2004年中國當代藝術「井噴」而起的熱潮，擠壓了水墨，連古董商跟玩水墨的都去買當代了。但受金融海嘯的影響，中國當代藝術的潰敗阻擋了這個資金的流向，於是2009年的春拍到秋拍，原本已經受藝術史肯定的老畫家或是水墨書畫，重新被市場接受。

　　但這次市場轉向水墨，我認為還是中國經濟發展的能量展現。藝術投資裡有個經典法則：一個富起來的國家，必定會買回它的歷史跟文化──美國20世紀藝術便是因為其經濟能力的強大而帶動上來。對應到藝術市場，當代藝術是文化的具體呈現，古董文物則是歷史遺

153

產。中國現在的經濟能量經過海嘯後仍持續加大，所以整個能量給了所有投資者、投機客、收藏家一個很大的想像空間。另一方面，中國新富的湧現，奢侈品消費能力暴增，從基本「裝備」如名牌包、名錶珠寶到名車豪宅，接下來便是藝術品的消費。這些中國新富很理性、精準地在「摟貨」（收東西），他們的方向便是我所說的：買回中國的歷史和文化。

　　經過2009年春秋拍的中國書畫動輒破億的精采表現之後，也自然帶動了這次蘇富比春拍的動作，江兆申和張宗憲藏品的出現，因此備受矚目。有些藏家覺得張宗憲的價高，但我認為一個

傅抱石〈對奕圖〉以3400萬港元落槌（圖版提供／蘇富比）

大藏家要拿出他的東西做專拍，還用自己的名字做擔保，除了展現他個人對於作品市場性的自信，也包括對於這些作品的喜愛度，就是所謂「割愛價」。然就是因為割愛價太高，這場專拍結果雖非預期的百分之百拍出，只有56%的成交率，但我想這個結果仍是令他滿意的。張宗憲這個大藏家是不是也像齊白石那拍品編號527號的老虎一樣？這張大老虎畫得多有意思，背對著的老虎沒露出張牙舞爪的表情──要知道齊白石的畫是妙在「似與不似」之間，妙在「像跟不像」之

張大千的〈闊浦遙山〉以1600萬港元落槌（圖版提供／蘇富比）

間，齊白石風格的精髓就是「似有能似無能」，因為牠是老虎，不用面對你，看到牠的背影你就怕了。這不就是齊白石嗎？縱有風聲，最後連手續費還是拍到3202萬港元。

　　另外更精采的是江兆申收藏專題，這批「靈漚館藏畫」結果是滿堂彩，全部賣掉了。其中張大千的〈闊浦遙山〉，上面還提了江兆申的字，結果以1600萬港元落槌。齊白石的〈二三子〉（教子圖）340萬港元，連溥儒的山水人物巴掌大的八開絹本小冊頁都以250萬港元落槌。我認識的藏家本準備買兩件，卻連舉牌的機會都沒有！但我不認為這樣的價錢是過高的，因為它有收藏歷史而且又有江兆申先生的背書，我甚至預估在此之後，江兆申的作品和書法也會因而進入各大拍場。

　　蘇富比春拍中，我覺得最有意思的還是以3400萬港元落槌的傅抱石〈對奕圖〉。這張〈對奕圖〉左邊人物手拿著圍棋盒子，一臉逸

齊白石1950年〈虎〉拍賣前估值2800萬港元，最終以3202萬港元售出。（圖版提供／蘇富比）

氣，眼睛沉著自信地望向虛無，而不是棋盤。和傅抱石以前拍場出現過的棋手聚精會神地對奕相比，這張境界高得許多，這就是文人的最高境界，一個小小的眼神，就可以讓人看到他的修養高度，而畫如其人，這不也是傅抱石在當時亂世中展現自己充滿自信的高頻正能量嗎！

　　不只是藝術家和他們的作品要經過不只一次的大江東去浪淘盡，收藏家也是，畫廊老闆更是。這些人能否一次次經得起大浪而屹立不搖，端看他的本質和下的工夫夠不夠，這些就立基在你有沒有一顆複雜的頭腦和單純的心，練就複雜的頭腦是為了和無常打交道；而保持單純的心，是對美的選擇的自信，也就是不貪，因為貪念會讓心變複雜，而頭腦也就變簡單了！在這個混亂的藝術市場當中，不可否認，還是有著眼力極佳的高人，他不猶豫，很自信地出手，所謂「眼見並非真實，唯有自信才能透視真相」，這是讓我們佩服的；而這就像那張〈對奕圖〉，浮雲般的態度，表現的是絕對的實力。齊白石1950年〈虎〉拍賣前估值2800萬港元，最終以3202萬港元售出。

拍賣官的角色
拍賣在藝術市場的角色與機能 &

拍賣官落槌後，即決定了作品的最後價格與去向。圖為拍賣槌。

拍賣在藝術市場的角色與機能

（1）藝術市場中的第二市場：拍賣

當藝術家被畫廊代理，開始持續舉辦展覽，並有穩定的藏家群購買畫作，藏家、畫廊、藝術家三方的良好關係也推動第一市場裡順暢的運作機制。而當藝術家的作品在市場上活動幾年後，價錢從一開始的「結緣價」，逐年慢慢成長，成為市場裡的中堅輩名家，也開始有較大的收藏群體關注、收藏其作品；過了幾年後，早期的藏家要活化收藏時，便會把這些作品交給拍賣行。

拍賣行扮演的角色，即是在徵件後挑出代表性的精品，送到拍場拍賣。假如藝術家在第一市場的發展過程裡，累積了主要的四、五十個藏家關注和收藏畫作，這些藏家在收到拍賣目錄後，看到這位藝術家精采的作品，就會前往拍場購買；若不只一人想要某件作品，而是有三或五人以上競爭，即會有競價的情況出現，所以在拍場裡常可發現，精采而難得的作品，預估價可能從幾百萬起標，卻一路喊至上千萬落槌，高於市場預估價的數倍，這是常在拍場見到的情況。

為何目前拍賣會扮演如此活絡的角色，即是因為其品項種類豐富、交易時間短、較有效率，人們容易進入、買到作品；此

外，因為價格公開，可以做為資產評估的標準，而圖錄的資料內容、定價，也成為日後交易流通的可靠資料，拍賣品的成交狀況，亦可當作市場接受度與流通率的參考。

拍賣場的藝術品，其公開定價與競價，對於作品在藝術市場上有一定的公認作用，所以我們稱之為藝術市場裡的第二市場。當藝術家的作品進入拍場後，事實上就代表著他的作品在市場裡已有其定位，並有著市場上的公定價格；拍場中也會陸陸續續出現他的拍賣記錄，對於該名藝術家在市場上有了更多的認定作用。

收藏家收藏了一定時間以後，隨著偏好與財務的改變，隨著眼光提升或整批藏品因遺產的問題而需轉手，這時就會將作品送拍。因此，買家與賣家藉著拍場這個重要管道活化收藏，這是必然的趨勢。此外，拍場對於國際藝術市場的交流、不同地區的交換、互動，也會產生作用。像是香港的蘇富比和佳士得的拍賣，這裡的作品不只有中國近代藝術、中國大陸當代藝術，也有台灣當代藝術、台灣老畫家，以及韓國、日本、東南亞的當代作品。當然，這些拍場的發展，也進而成為各地區藝術市場發展的主要環節之一。

（2）各國拍賣形式與代表性拍賣行

台灣的拍賣形式，與英國式的競價方式雷同，即是從底價慢慢往上喊，出到最高價後，拍賣官會喊：第一次，第二次，最後一次；這時，若沒人舉牌，拍賣官就會落槌，出價最高的買家就得到作品。另一種形式，則是減價的方式，如走進阿姆斯特丹花卉市場的拍賣場，會發現台階上坐著的畫商（dealer）手裡都抓著按鈕，牆上有一個像大鐘似的指標器，從最高價往低價跑，誰先按，這個表就會停下來，也就產生得標者。所以按得愈慢，價錢愈低，但愈沒有機會買到。

世界三大拍場，以美國紐約最大，英國倫敦第二，香港位居第

2011年蘇富比春拍現場（圖版提供／蘇富比）

三。最老牌的拍場是蘇富比和佳士得，它們在英國發展已經有兩百多年的歷史，在發展了這麼多年後，除了春秋兩季的日拍（Day Sale）之外，還有夜拍（Evening Sale），舉行夜拍是因為倫敦和紐約要同步進行拍賣，以滿足藝術收藏界VIP金字塔頂端那些重量級的收藏家。這種拍賣一般人是無法進去的，因為每個藏家都得經過財務調查，並與拍賣行有一定關係，才能進場。夜拍很精采，因為它的畫作基本上是從3到5百萬美金起跳，總價高達上億美金。

　　拍賣公司幾乎在各國都有，拍賣的種類也各式各樣，以台灣來說，除了藝術品外，有拍車子也有拍土地。至於中國的部分，較有名且具規模的藝術拍賣公司大概有二、三十家，如北京保利、北京嘉德、北京翰海、北京誠軒、北京匡時；上海朵雲軒、上海泓盛；浙江西泠拍賣。台灣具代表性的拍賣公司，包括成立超過十七年的景薰樓，以及每次成交額都最高的羅芙奧，除了這兩家之外，這幾年也有幾間拍賣公司竄起，包括中誠國際、金仕發、藝流、宇珍等拍賣公

司。拍賣在台灣有春秋兩季，有興趣了解拍賣、想培養眼力和累積市場訊息的藝術愛好者都可以進去，它是對外開放的。當讀者想開始從事藝術收藏或投資時，首先要培養自己分辨好壞真假的能力、判斷合理價位的能力、預測作品未來前途的能力，這樣進畫廊、博覽會、拍場交易就會比較有把握，不致於上當受騙買到假畫。

（3）遊戲規則：拍賣不保證真品

在進入拍賣前，必須十分注意的一點，即是所有拍賣公司絕不保證所拍物品是真品，他們不負這個責任；當然，愈資深的、品牌愈老的拍賣公司，裡面的專家愈多，也愈會把關。至於如何評估拍賣公司，從拿到圖錄，就可做為評估的開始，例如這間拍賣公司的作品是否挑得精準，對於作品的好壞、真假是否有眼力，或是符合目前市場的潮流品味，並有著合理估價；而圖錄的編排、設計製作，以及全面的文宣、公告與招商，或是這間拍賣公司的成交率與服務，都是可以評估的要點。

事實上，在一些小拍場買作品，十分具有風險性，因為這些小拍賣公司也不保證所拍物品是真品，尤其各地區都有些不肖的業者，所以「拍假」和「假拍」的問題，都是所有進場前要注意的。因此，收藏者必須好好挑選拍賣公司才進入拍賣，之前一定要做功課，先培養自己對藝術的眼力，為自己的眼力做一些投資，並對市場機制有個了解，再慎選拍場進入。

拍賣官的角色

（1）掌握拍場熱度與拍品順序

拍賣的順序是有節奏的，像一齣戲一樣：一開始要吸引人，然後有三、五個高點，三、五個高點旁要安排同類型的作品（可能是較無

拍賣官陸潔民於拍賣現場（攝影／陳明聰）

把握拍出的），然後在低點轉高點的過程中，則兼含價位較低但質量不錯的小品，到最後也須安排精采的版畫與年輕藝術家的作品，才能抓住藏家的目光，讓他們不會馬上離開現場，上述的安排，都是看拍賣官的功力與專業。

　　若有大量較非重點性的拍品全部排在一起，作品不停地流標，場中的熱度就會慢慢降下來，所以拍賣官如何抓住場中熱度，是十分重要的。例如一開頭兩三件，一定是有把握能拍掉的，氣氛才能帶起來；當中的幾件高點之作，也是要有把握能拍出，甚至造成鼓掌的效果，這樣的氣氛就會凝聚一股熱誠，本來不想舉牌的買家，也會開始舉牌，本來不想買這麼高價的，也會加個兩口價，這是拍場內的心理作用。因此，拍賣官的組織能力要很好，並在事前與書記官、跑單小姐、接電話的、書面競標的專員有良好默契，即是這些人員在重要時刻如何精準、不能猶豫，運用的語言得讓電話買家了解現場氣氛緊張，得立即做決定，不能稍有拖延，若延誤或打斷了拍賣官的節奏，

除了會打斷拍賣場的氣氛，也同時降低了拍賣官的專業度，因為如果拍賣官的眼神稍有不自然，或是節奏一斷，都會讓現場的藏家質疑。

（2）拍賣官的重點能力

　　拍賣官的手勢、姿勢、眼神、表達能力都很重要，最主要需具備四種能力：一、組織能力。二、表達能力，即是如何以一兩句話點出作品的精髓、哲理、觀念、美學、技術、材料，在現場引發眾藏家對這件作品的理解，有時可能因為這兩句話，藏家因而多舉了兩口價。三、控制能力，拍賣官畢竟是個主持人的角色，如何掌握全場、不讓整場節奏鬆掉，流標後也能自然以對，都是該注重的課題。四、應變能力，若藏家電話斷了、手機沒電了、在地下室收訊不好，該如何處理？當然，事先就得請電話競標人員讓藏家知道，最好身邊有座機能使用，或是電話要先充電，並在收訊良好的地方競標。我就曾遇過一次突發狀況，作品已拍到好幾百萬，但藏家的電話卻斷了，遇到這種情形時，拍賣官預先就必須準備幾個包袱，必要的時間就得抖個包袱，不讓氣氛冷下來。還有一次，有位大藏家沒有舉牌，只將手微微舉起，但手與後面的藏家重疊，所以我沒有看到；落槌後，這位藏家站起來抗議，一般來說，落槌後就該尊重落槌的權威性，所以遇到這種情形該如何處理，在在都考驗著拍賣官的臨機反應。

　　拍賣官在拍賣時，必須得眼到（要看）、口到（喊價）、手到（指出去，有時放下手就不知下標的藏家在哪，所以得比畫比畫）；而在技巧上，語言表達很重要，並妙用競價階梯與掌握節奏。在台灣，針對不同的作品底價，競價階梯的金額也會不同，如10至20萬間，一口價就是1萬；20至50萬則是2萬；50至90萬則是2、5、8萬。所以拍賣官可以巧妙地運用競價階梯，例如同時間，三位買家同時舉手，拍賣官可分別快速地指著舉手的買家喊22萬、24萬、26萬，

但第三位買家其實原本想喊的價格是22萬，而非26萬，所以有時有些買家會將手放掉，拍賣官就得回到24萬的價格上。但一般來說，十個有八個買家會選擇接受，所以競價階梯的熟練是很重要的，也是因為如此，很多拍賣官會愈喊愈快，也讓現場氣氛愈來愈熱。

　　而拍賣官知識亦為必備的要件，如對於藝術、文化、歷史、法律、各項拍品、合理價位的知識、常識，甚至是心理學方面；再加上拍賣官的見識，不過這些都可以累積、練習，上台會愈來愈駕輕就熟，年輕人若有興趣，其實都可以嘗試。關於心理學方面，我這幾年來觀察到在拍場裡，買家會有幾種心理狀況，包括：一、競爭心理（兩位藏家僵持不下時，一般資深的藏家，就會在價錢差不多時，做手勢讓給另一位；但資淺的藏家，會有競爭甚至有動氣的現象。這時拍賣官以銳利直視的眼神，發揮「初叫，追叫，逼叫，終叫」技巧，總會有不一樣的結果。抑或以較軟性的眼神喊價，給藏家的感受都是不同的，因而可以藉機讓藏家解套）；二、從眾心理（不太有自信的藏家，大家不舉他不舉，大家舉他跟著舉）；三、顯耀心理（如講究排場、買最高價作品）；四、嚇阻心理（如偶爾在拍場上，預估價與市場價有極大的落差，例如從38萬開始喊上去，40萬、42萬、44萬……，這時突然有個藏家喊1百萬，這樣高的價錢有時會嚇住多數人，但一般來說仍嚇不住懂的買家）。

　　對於拍場的常識方面，讀者們須注意最後的成交價，對買方而言是含落槌價＋佣金（在台幣500萬元以內的部分需支付18%的佣金；高於500萬元則須支付12%的佣金）＋運費（在台灣，由拍賣公司負責運輸，國外拍場則由買家自付運費）。對賣方而言，則是實際所得－落槌價－雜項費用（佣金〔大約10%左右〕＋保險費〔約1%左右〕＋圖錄費〔新台幣1至2萬一頁〕＋運費）。提供給讀者們參考。

拍賣入門與八大步驟（I）

11月開始，國際上各大拍賣行皆進入拍賣的高峰期，若對拍賣較陌生的讀者，在進拍場購買藝術品前，可先特別注意八個步驟與環節。

第一步，進拍場前要好好做功課，從欣賞、了解作品開始，然後做一些小額的藝術品買賣；隨著時間與經驗的累積，逐漸理解藝術品的買賣過程，以及畫廊、博覽會、拍場的機制，這時才開始「收藏」，這樣是較有保障的做法；等到進入認真的藝術投資階段時，再進入拍賣場。或許有讀者會問：「我在畫廊買就很便宜啦，為什麼要到拍場用比畫廊高的價錢買？」在藝術市場裡，若某位藝術家的作品僅在畫廊裡買賣，卻未曾進入拍場，他在藝術市場上的價格定位，就沒有公定的拍賣紀錄。雖然在畫廊常可買到比拍場便宜的精品，但隨著時間，若藏家對藝術收藏開始漸漸有自己的觀察與心得，想特別收藏某位藝術家的作品，然而卻在畫廊裡，找不到這位他的作品，其他的藏家又因太喜歡他的作品，而不願割愛，這時，就只能期待拍賣公司徵集到收藏家因活化收藏而讓出的精品。一般來說，藏家手上的精品，不可能只找畫廊老闆幫忙賣，因為畫廊的客戶有限；但一旦送到重要的拍賣公司時，各地的重要藏家都會到現場購買，那麼這件作品的價格就會拍得更高了。這就是正常的拍賣機制。

第二步，必須慎選專業的拍場，以免上當受騙。假如進入拍假畫的拍場，旁邊又沒有顧問或專家商量，用高價買到假畫，這就十分冒險且令人受傷，這樣的情

2013年香港蘇富比春拍現場（圖版提供／蘇富比）

形，多是因為買家沒做功課，就衝到藝術市場上亂買作品。在沒有信譽的拍場上買到假的作品，拍場並不會回收，因而慎選拍場，即是基於拍場「不保證真的」原則之下的解決之道。在台灣，似乎也沒聽說過因賣假畫坐牢，因為在法律的途徑上，證明作品是假的，比證明它是真的還困難，這裡面的花樣很多，陷阱也多，所以必須慎選拍場，在選拍場之前，必須先去看預展（每間重要的拍賣公司，在拍賣的前兩天都會舉辦預展）。

　　第三步，參考拍賣圖錄。在初步參考作品時，部分的藏家會收到

圖錄；假如你完全沒有與拍賣公司打過交道，則不會收到圖錄，只可能在藝術雜誌上看到預展的消息，再去現場買圖錄。在拍賣圖錄上，所有拍品都會按編號列出，有畫家的背景和作品資料，包括：圖、題目、尺寸、年代、材質、文字說明（藝評資料）。若是前輩藝術家的重要作品，或是明星級的作品，更會有著錄（曾經在哪一本畫冊、展覽上的記錄）和拍賣紀錄（曾在哪一個拍場拍過），以及它的收藏歷史（曾經是某位重要藏家或名人的收藏）。假如是幾年前從畫廊購買，還有畫廊原作保證書。在觀察圖錄時，最重要的是作品的預估價，藏家會看到每件作品都有預估的底標和高標，預估價通常低於市場價，因為要吸引所有同行的人撿便宜；估價過高，吸引力會降低。而在圖錄的最後，則會詳細介紹拍賣公司的規則和服務費率，剛進入拍場時必須詳讀這兩項。當了解怎麼看圖錄後，有經驗的藏家會對圖錄進行評估，評估圖錄也是慎選拍賣公司的首先步驟。翻閱圖錄時：

一、看拍品是否整齊精采，評估拍賣公司作品徵集的能力。通常要是不小心有一兩件假的作品，被人提出有利證據通知拍賣公司，有信譽的拍賣公司會在拍賣當天，請拍賣官宣讀撤拍（跳過這件不拍）。

二、估價是否合理、符合當今的時勢、市場公定價格的判斷是否務實等。第三、資料是否準確，文字說明是否認真嚴謹，此點可看出拍賣公司有沒有專業人才。四、圖錄設計的分類和創意，是否有節奏、拍品的安排上是否有輕重高低價的節奏感，讓拍賣進行得非常順利。最後，印刷必須很精美，不失真。因為有藏家無法趕上看預展，一看圖錄覺得色彩不錯，但拿到原作卻發現跟圖錄差別很大。所以在不失真的前提下，印刷精美是很重要的。

第四步，觀看預展。不可忽視圖錄與原作的差距，因此一定要看預展。在圖錄上做好功課。有了概念之後：一、是要到預展的現場

來面對每一件原作，在喜歡的、想拍的作品前面逗留。要仔細觀看作品，不管是色彩還是品相；品相即是否有裂紋、霉點、是否因為光害而色彩變冷，或者因為太老舊了，是否有哪位修復師修復過。修復也分高低，有的還保持原有精神，有的過度修復成為另一張新畫，因此品相絕對影響價格。二、要諮詢專家，取得更多資料。藏家看中了哪幾張作品，即使它有著錄、畫廊原作保證書、畫冊出版，仍得諮詢專家，以這些資料原件證明詢問，確定文字說明沒有錯誤。三、在預展現場建立人脈，要認識拍場各部門的負責人，甚至能碰到拍賣行的老闆，將來成為他的VIP客戶後，必須跟這些重要的專家們有更多的互動，才能更真實地了解每一件拍品包括收藏歷史等幕後消息。所以跟專家、負責人，或預展上碰到的同好，建立人脈關係，將來都是重要的參考資料、保護藏家不致於掉進陷阱。當然，也可以跟藏家們一起看預展，聽聽他們的收藏心得，分享市場機制的一些經驗感受，就可以藉著參觀預展得到許多增長見識的機會。除此之外，要評估每一件作品的價值，對藝術性、技術性、時代感、完整性、時尚性、線條、構圖、色彩等進行判斷，作品創作是否來自生活又高於生活。再則是現場的呈現方式，也就是布展；幾百件作品呈現在現場裡，掛畫的情況、參觀的舒服與否，都可以看出這間拍賣公司是否專業。包括每件作品是否有配框，還是版畫單獨呈現在桌面上，觸碰版畫、看版畫的時候，其上面應蓋著透明的塑膠布，放兩隻白手套在旁邊。版畫的收藏也要注意到酸害的影響。進拍場、觀看預展、參考目錄，這些都是必須要做的初步評估。

建議讀者們也可趁機會先去看看一些預展、進入拍場學習，不一定要馬上買作品，可先觀察拍賣的情況。

拍賣入門與八大步驟 (Ⅱ)

在前一篇文章中，我們談到進入拍賣市場共有八大步驟，前四個入門步驟已介紹完畢，本篇則接續介紹最後四個步驟。許多藏家都是這樣一步步做功課，最後才進入拍賣場購買作品的。

第五步，正式挑選作品。建議以自己的財力為標準，不能在拍場裡一興奮就買多買高，回去卻後悔了而不去交割，會被拍賣行列入黑名單，造成個人信用損失。所以建議讀者在了解藝術作品與市場後，用「閒錢」進入藝術市場，做一些練兵與功課，分散風險，因為還在學習階段，所以不要把所有的現金都投注進去。除了運用有限的財力進入市場，另外，也必須了解自己進入藝術市場的出發點，是收藏還是投資，若是收藏，則要考慮自己對藝術品的了解，選擇自己喜歡、過幾年都不會看膩的作品；若是投資，則是以賺錢為目的，自己要能承擔風險。當然，有時買到可能不是自己喜歡的作品，但你確定它會升值。雖然說就像股票市場一樣，對於藝術品的升值空間，誰都沒有100%的把握，但我曾觀察過好幾位藝術家的發展，並做了些統計後發現，當一個藝術家開始被市場關注，買家等到50%確定性的時候下手，是最好的時機。換言之，愈肯定，單價愈高、風險愈低，但短期投資的利益也就愈低。所以以收藏的角度切入去挑選作品是正確的，最起碼保值，掛在家裡自己也喜歡，不管價格上漲或下跌，也不會有太大壓力。如果是以賺錢為首要目的投資，買了以後則必須承擔賠錢的風險。你到底有多了解自己想買的作品？必

須要先確定這個藝術家的作品是否常在拍賣會出現、是不是長期在拍賣會出現且都有很好的階段性成長，或是長期有畫廊經紀代理的藝術家、是否為名家的代表性精品、很多VIP藏家看好的作品、拍賣行自己主推的新作，這些都需要去研究以便挑選。

　　第六步，研究作品的價格。在拍場公開競價時，因作品的價格與其市場指標的作用是成比例的，所以藏家需要在市場上了解過去的拍賣紀錄，了解這位藝術家的歷年行情，這對於了解作品的公定價很重要。除了研究作品價格，還要了解它在美術史的定位，以及這位藝術家在市場裡的位置，是偏國際還是地區性，因為有些藝術家的作品在某個地區賣得很好，但一到國際拍賣檯面時，價錢就無法拍到那麼高。

　　再來，500萬台幣以內，我們要挑選潛力股；500萬台幣以上，就要精挑績優股。價格愈高，應該更嚴格地挑選，因為獲利率愈高，要花的錢愈多。最後，勿忘做筆記，以免衝動，也就是要有節制能力。且在研究作品價格與做筆記時，記得要計算其成交價格，也就是包含佣金跟手續費（共20%）在裡面。在拍場的落槌價加了手續費和佣金，才是真正的成交價，也才是買家心中真正的成交價格，所以在舉牌時，千萬要注意喊的每一口價，其實都是還沒加上佣金和手續費的。

　　第七步，就是正式進入拍場。拍賣當天最好能親自出席；當然，除了親自出席之外，還有書面投標、電話競標、網上競標等方式。出席後，要做三個重要的動作，就是：領牌，入座，舉牌。領牌前，拍賣行會請買家填寫個人資料和財務證明，就能領取號碼牌。要注意的是，若晚到拍賣現場，有時是沒有位置坐的，所以大部分資深藏家會提早半小時或一小時到現場，就可優先選擇自己的位置；而非常有

經驗的老藏家，有時不願意後面的媒體或其他人看到他買畫，這些藏家會坐到最前面幾排。坐在前面是有理由的，因為在第二個舉牌動作時，這些藏家會有些祕密的小動作，例如摸摸鼻子、抓抓頭，拍賣官都會注意到這些藏家們的動作。現在拍場的人愈來愈多，事實上有些藏家既想親自參與，又不願意媒體看到是誰出價，所以都透過一些小動作購買作品。舉牌的時候，出價的技巧也因人而異，有些自信、果斷、大氣的藏家，常常利用快舉的方式，打擊一些猶豫不決的藏家信心，這有時候會奏效，但基本上我會建議入門的藏家，可以舉得比較適宜、稍微慢一點。

若買家無法親自到現場，可利用書面投標、電話競標或網上競標。書面投標必須事先在一定時間內，填寫書面委託單；填好後，拍賣行會按照委託單上的最高價格，競標這件作品。就算沒喊到這個價錢，正派經營的拍賣行，會在委託單的價錢之下，讓買家得標；較不正派的拍賣公司，會利用此買家在委託單出價的最高價為得標價，而不是高標之下的任何價錢，所以讀者必須慎選拍賣公司。而電話競標，則是趕不到現場的藏家常採取的方式，通常會在競標前填寫委託單，然後在拍賣現場時，服務人員會抓準時機，在拍到此件作品前兩三件之際，打電話給買方，跟他解說現場拍賣的氣氛和結果；然後輪到買方想出價的作品時，服務人員會幫買方舉牌、競標，這時買方跟服務人員間的語言表達必須清楚果決，不能有任何廢話，以免錯過競標作品。入門者要注意的是，拍賣官喊價是有階梯的，這我們在前一節中有稍微談過，每一口階梯都往上加大約10%，像210萬、220萬、230萬……，到400萬時，就420萬、440萬、460萬、480萬；到了700萬的時候，則是720萬、750萬、780萬往上跳。所以買家得知道拍賣官下一口價錢是多少，這些都是在正式進入拍場前要先注意的。

北京保利2011春拍現場。（圖版提供／北京保利）

　　最後一個步驟，即是拍賣後的服務。落槌後，拍賣行就會填寫正式成交的確認單，請得標者簽名；一週內，得標者會收到帳單，在期限內必須付款；接下來就是運送作品，通常價格不是太高的，運送作品、包裝等程序，都是由買家自行負責。五天到一週內，大部分的拍賣公司會幫得標者保管作品；這段時間過後，得標者可能連倉庫的費用都要支付。若希望拍賣行能提供更多服務，例如免費圖錄、參加VIP酒會，都得先累積信用；若是這家拍賣公司的大客戶，通常到達不同地區時，他們還會幫忙安排住宿。

　　我還是會勸準備好的買家，在起初進入拍場舉牌時，還是先挑選財力範圍內的幾件低價作品，進而開始學習慢慢地與拍賣行打交道，透過購買這幾件作品，走一趟拍賣流程，藉此了解拍賣所有的環節、徹底熟悉拍賣的運作，同時建立自己在專業圈裡的人脈。若按照這八大步驟進入拍賣市場，最後就可以充分享受到藝術收藏與投資的樂趣，也將此經驗分享給讀者。

霧裡看花

眼見並非真實，只有自信才能透視真相

從北京回台北時，機場起了大霧，因班機延誤等待的同時，很多人不耐煩，甚至和服務員起爭執，可見人們在面對看不清楚的情況時，是多麼危險，並容易出現不必要的行為。

回頭看拍賣場，其實也像是霧裡看花一樣，目前拍賣界的眾多亂象，藏家們在霧裡看花的同時，千萬不要掉入陷阱。針對中國拍賣亂象，網路上有首打油詩名為〈中國拍行八大怪〉寫道：「中國拍行八大怪，功夫花在標的外；進門先收幾萬塊，真品　品照樣賣；看貨只認『紅屁股』（火漆），不掙外快掙『內快』；假拍拍假不要緊，成交流拍錢照賺；自家拍品自舉牌，天價做局建檔案；官司纏身也無妨，『免責』護駕不言敗……」這裡面道出許多拍賣潛規則，從拍賣公司徵集作品後估價、宣傳造勢、尋找對口買家，到拍賣會時拍賣官節奏掌握，造成一件只值十幾萬的作品，最後拍出幾千萬也不稀奇。因為這裡面有太多人為可以操作的事。

「做局」

所謂「功夫花在標的外」，指這件拍品僅是籌碼，但外面「做局」才重要。比如拍賣行找到某位法國藏家收藏的明代瓷器，研究這批瓷器與這位藏家的背景，赫然發現這位藏家的爺爺是八國聯軍時期的中尉，就可以趁勢與「八國聯軍」串在一起，找張外國人在琉璃廠的照片，再安排亞洲面孔的藏家挑選這批瓷器中具代表性

的物品，並刻意進拍場拍高，引起媒體關注與收藏圈騷動。

又比如有藏家專門收藏明代青花瓷，在拍賣時，他不斷進場「護盤」，把明代青花瓷的市場做起來，最後再將藏品釋放出來，以高價賣出；或是有群收藏明代青花瓷的藏家共同運作此局，讓它進入整個市場結構，這都是可能的，此時若有位想購買的藏家（肥羊）進場，他們還會去「托」去「頂」，以及「抬價」。

「做價」

而「天價做局建檔案」中的「建檔案」，指的即是「做價」，往往是手邊有某件可能會拍不好的拍品，但賣家願意給拍賣公司佣金，再安排人幫忙護局，讓拍品拍出高價。就算賣不出去或是由賣家自己買回，這件物品卻也因為「抬價」，有了高價的拍賣紀錄，藏家可以用這個紀錄再去高價賣出，這就是所謂的「做價」。在「抬」與「做價」當中，若不了解可能就會掉入局裡，最好是自己要對拍品有合理價格的判斷，才能知道這拍賣是真是假。拍賣並非都只有陷阱，比較資深的拍賣行是不玩花樣的，因為他們希望拍掉作品可以獲得佣金，所以愈是高知名度的公司就愈不希望做假。

「雅賄」

另外「假拍」與「拍假」是不同的，「假拍」與物品無關，與「頂」和「托」有關。而「真品　品照樣賣」影射許多拍賣牽涉到送禮與洗錢的遊戲摻雜其中，有經驗的藏家知道某件物品並不值高價，但涉及了「雅賄」（雅貪）所以出現高價。「雅賄」就如某人贈與官員一件古董，之後就有拍賣公司來向他徵集，待送到拍場拍出高價，這筆錢就進到了官員的戶頭。

在偽作眾多的情況下，在拍賣市場上就要有專業的眼力判斷。因此真品要看得夠多，像是看水墨畫作，就要了解這位藝術家他的筆觸線條、設色，以及對紙質「老態」的認識。當你了解一件正常卷軸的老態與正常古瓷的老態，才能一看這是「開門真」還是「開門假」，若是前者，就表示這件物品80、90分過關了，應沒有大問題；但若是後者，大約是30分，這也不影響判斷。但最容易「打眼」的，就是中間的模糊地帶，所以想要「撿漏」並不容易。因為容易「打眼」，所以在看拍品的時候，沒有一定的鑑賞力要判斷真偽是很難的。

而在上拍的標的物上，琢磨它是「開門真」還是「開門假」，或是讓你容易打眼買到的「摺跤貨」，也需注意。「摺跤」是北方話指摔跤，「摺跤貨」就是物品套牢無法脫手，台灣有些藏家犯了只進不出的毛病，結果後來發現他的藏品大部分都是「摺跤貨」，讓藏家摔跤了，因此眼力很重要。

用科技輔助眼力

但是現在眼力已經不太夠用了，像是近期拍賣市場上的造假事件頻傳，最著名的就是2010年某拍賣公司以7280萬元拍出名為〈人體蔣碧薇女士〉的徐悲鴻油畫，後來卻被指為是課堂習作，這件事當時在業界造成軒然大波。

這也反映出現在偽作繁多，因此科學變得很重要，它可以輔助辨識真偽。如2010年嘉德拍賣，藏家郝驚雷以20萬人民幣購買了三幅字畫，經專家鑑定並非真跡，極可能是在噴墨的印刷品上再略加筆墨勾描，冒充名家作品，屬於藝術微噴的印刷品。後來事件雖然落幕了，卻也顯示出高仿真印刷品在藝術收藏市場流通的事實。因噴墨技術愈來愈高明，必須要用高科技放大百倍來觀察是否有色點。現在也有大

〈人體蔣碧薇女士〉油畫，
2010年以7280萬元拍出，後
來被指為不是徐悲鴻的作品，
而可能是學生課堂習作。

型的機器可以掃描大幅原作，若再經過專家修整，再用高明的色彩管
理程式調色，印刷到處理過的宣紙上，就連「老態」都幾可亂真，讓
老鑑賞家都頭痛了，所以現在必須要有科技輔助以往的眼力學。

　　最後再回到那首打油詩提到的「『免責』護駕不言敗」，這句
話鮮明地道出大陸拍賣法第61條的規定：「……拍賣人、委託人在拍
賣前聲明不能保證拍賣標的的真偽或者品質的，不承擔瑕疵擔保責
任……」因此出現拍賣公司「免責」的情況，卻也造成不肖業者藉此
規避責任的現象。

講鑑定

老行家如何鑑別書畫真偽

享譽海內外的中國書畫鑑定大家徐邦達於2012年初逝世於北京，享壽一百零一歲。徐邦達在書畫、詩詞創作上雖也卓然成家，但其最為人所稱道的，乃是他超群的書畫鑑定功力。任職於北京故宮數十載，他為中國書畫的保藏及研究，進行了大量拓拔性的工作，各大博物館及藏家也競相央請他協助鑑定作品。徐邦達有個稱號叫「徐半尺」，這是形容他的鑑定功夫之高，往往打開畫軸半尺，便可論斷真假。

鑑別書畫是一門很深的學問，而徐邦達的逝世，意味著一個時代的結束。一位鑑定家總是愈老愈寶貴的，因為鑑定功夫的養成主要仰賴經驗的累積，過眼的作品愈多，視覺記憶庫愈廣，敏感度自然愈高。可預見的是在徐邦達之後，年輕世代很難再有如他這般豐厚的經歷，要學鑑定恐怕是愈來愈難了。

那麼，今日的書畫愛好者能夠如何累積自我鑑別作品的能力呢？首先當然是要多看、多上手。正所謂「不知真，焉知假」，多接觸好的、真的作品，讓自己記住那種「好的感覺」。再者是多和有涵養、品格及經驗的專家、藏家往來，如此可以得到許多書本裡學不到的知識。以下即就老行家們進行鑑定時經常切入的五個面向：外觀、作品內容、題款與印章的考據、考證作品，以及了解作假方式與讀者分享書畫鑑定的一些原則。

在外觀部分，首先要觀察的是作品的老態是否自然、成熟。所謂的老態「自然」，是指一個作品歷經了歲月，因受水沁、受手摸等，老化所產生的自然變化，

177

而「成熟」則是指這些變化在作品外觀上分布得很均勻。其次要觀察作品材質是否到代？譬如張大千就有其專用的乾隆老紙。此外還要判斷裝裱形式是否符合時代及地區風格，以及作品散發的老氣味是否自然真實。

在作品內容部分，主要觀察的是題材（人物、山水、花鳥或草蟲）和技法（寫意或工筆）是否符合時代風格，再看畫作的線條、筆法、造形、構圖、墨色是否符合作者的個人風格。線條可以下工夫練，造假的人也可能可以掌握相關技巧，然而筆法和墨色較為抽象，尤其是用色主要來自天分，這是模仿不來的。此外，觀察構圖也是一個可以培養的技巧，其實自唐宋以來，歷代的書畫章法都很像，大多符合龍形結構，畫面之中自有一種氣的運行。構圖是一種邏輯和科學，從構圖入手去把關真假，是一個聰明的做法。不過總體來說，最須要掌握的還是作品的精神。愈是厲害的鑑定家，愈是看作品的整體精神，此中包含了韻味、意境、涵養、感情等，是一種難以言喻的複雜感覺。

在題款與印章的考據部分，倘若你對作者的題款，包含其書法、行氣等有一定認識的話，便可以在這上頭有所判斷，也可觀察詩詞文字是否與畫面相關。有時還可參考上款，這個作品是贈給誰的？可以針對這個對象做考據，從作者與受贈者的關係之中釐清真假。至於印章的考據，過去還可從刀法、印材、印泥、壓印痕跡等判斷真偽，但隨著偽造技術愈來愈高明，這部分的鑑定愈來愈不容易。

在考證作品部分，首先可觀察作品是否符合畫家不同時期的個人風格？是否符合地區及時代特色？其次是考證題跋、鑑藏印還有簽條的流傳歷史與真偽。好的作品多半在盒子或卷軸上附有簽條，由藏家或鑑定家題上作品名稱、年代並題款蓋章。從鑑藏印亦能窺知歷任的收藏者，得以據此追查以斷真假。此外也可究查作品是否有著錄、出版之流傳有序的紀錄。

這裡想來考考讀者們的眼力，這兩幅林風眠的作品，一為真品一為偽作，倘若你口袋夠深，你買哪一張？且看兩者墨色的清濁、髮縷的墨韻、衣紋的轉折、五官的比例、扇子的畫花，還有眼神的精神度，答案是否呼之欲出？

　　最後，如果能了解各種作假的方法，也將對鑑別真偽深有助益。自古以來有摹、臨、仿、造、改等各種造假方法，而隨著現代科技的發展，數位技術已可製作出幾乎等同原作的圖像，之前亦有這類作品上了知名拍賣公司的專拍，引起不小的風波。換言之，如今光靠有經驗的眼力把關已然不足，須要借助儀器的輔助，同時科技鑑定變得極為重要，不過，目前使用五十倍放大鏡還可發現藝術微噴複製品的色點，但誰知道往後會否出現奈米級的造假技術？

　　書畫市場的陷阱實在太多了，在此容我重申對愛好者的三個提醒：首先是「不會看畫請人看，不會看人死一半。」對人要有所判斷，要仔細觀察賣家的神態。再者，切忌貪小便宜，否則可能會吃大虧。最後，敬告各位爺們姑奶，現今這個時代，已經很難「撿漏」了，除非你具備前面所說的老行家的功力，否則就等著「打眼」收到一堆「撂跤貨」繼續這場「人騙我、我騙我、我騙人」的害人遊戲吧！

老舊熟韻

　　亞洲當代藝術市場自經歷1997年金融危機、SARS後進入起飛的仟代，2006、2007年熱度急遽攀升，直至2008年雷曼兄弟破產造成大自然的力量湧入作了個調整，但藝術市場內總有不受經濟影響的大藏家，而由這少部分有錢人撐起的藝術市場、在當代藝術市場中減少的熱錢，以及2009年破高價的古代書畫與古董便使我們開始思考這個問題，並看出基本上呈兩極化發展的藝術市場：名家名作行情看漲，而當代年輕天王級藝術家作品則面臨調整。

　　有人說當代藝術市場已然進入冬眠期，我卻認為不見得如此，而是大家在金融環境影響之下花錢小心了，此種心理即造成人們傾向挑選「值得買」的藝術品，而值與不值則可從廣大群眾看出，除了將走入藝術殿堂的藝術家作品雖然貴但是穩定性相對較高，被認為是比較穩當的投資以外，以稀有性與年代久遠為指標的傳統收藏概念再起，使古董與古書畫再度成為收藏焦點。且自雷曼兄弟破產後原本穩當的投資標的如房地產、金融產品皆變得不穩定，所以有經濟能力、為分散風險的藏家往往從前述兩者抽出資金進入藝術品的收藏之上，造成藝術品與藝術市場仍能於金融海嘯影響之下屢創新高。

　　隨著古書畫與古董的成為收藏籌碼，藏品的鑑定的問題也再度受到重視，大家基本上應有一個把關的概念，從老、舊、熟、韻四個方向判斷，才不至於霧裡看花。

　　老：「老」看的是每一項目作品的料，而料的老

是有跡象可循的，且皆隨著時代更迭各有不同，例如古畫的紙與絹之作工、古油畫的帆布、內框顏色是否隨多年來的水氣轉變、瓷器之胎與釉料及玉器是否呈現應有的老態、木雕、牙雕顏色之變化與裂紋等。因此對於藏品老態的判斷還是需要培養眼力，努力累積自己的視覺記憶庫；美術史學家休謨（Hume）曾說：「美並非事物本身的屬性,它只存在觀賞者的心裡。」每個人心裡的美都是不相同的，反映出每一個觀賞者心裡的感受，可見必須提升自己的審美能力才能達到觀賞的高度。

「韻」是一種雖屬人工雕琢，但卻彷彿渾然天成的東西，講的即是經過歲月洗禮，審美最高標準上的恰到好處，圖為李可染所書之〈神韻千載〉。

　　舊：「舊」看的是畫工與雕工，而所謂的工則是人為雕琢的痕跡，判斷工時必須了解製作當時的琢磨器具，每個時代隨著工具的發展會產生不同的雕工，因此舊即意指舊的人為之雕琢痕跡。古畫、古玉都是同樣的，藉畫的線條與圖飾、玉雕的切割與雕鑿方式是否合乎當時的時代性即可大致判定作品是否到代。

熟：「熟」是一個相對抽象的字，熟是慢慢煮出來的，是所有老態痕跡的總和與其賦予物件的一種感覺。如古畫因儲藏方式與地點不同使紙與墨隨時間產生變化，而自然產生之歲月痕跡也是熟的一部分，木雕的斑駁與蟲咬、發霉、瓷器之開片與磕碰痕跡、受沁變色並帶有分部自然的蟲咬及土咬坑的玉雕等，皆是需經過時間燉煮出來的，而非能藉人為快速製作而成的。

韻：「韻」即韻味、神韻，韻與料的變化、雕工、熟成與老態皆有相關；熟是需要經過長時間燉出來的，而韻一字除了包容上述幾點之外，尚須有藝術天分相輔相成，意即創作者的審美能力。總和所有並達到一定高度的作品才能稱做有神韻、姿態，但神韻或韻味都不是能夠直接形容的具象概念，而是一種雖屬人工雕琢，但卻彷彿渾然天成的東西，講的即是審美最高標準上的恰到好處，因此精品指的就是料好、工佳且神韻超然的藝術品。而收藏家努力地學習、研究不外乎是意在培養眼光而識得精品，要避免受金融因素於藝術市場中所造成的波動影響，唯有提升自己的眼光挑選好的作品。假使鑑古得以知今，老舊熟韻也能夠為我們在挑選年輕藝術家時帶來啟發，現今作品不須費心於審視老舊，但經由觀察藝術品線條、構圖、色彩是否達到高度表現，也能協助藏家發掘有潛力的作品。

而我也是經由二十年玩古玉的經驗而體會出老舊熟韻，才進一步理解啟蒙老師趙秀煥的工筆畫作品。趙老師的作品所呈現出的不僅是表現線條的功力，更是構圖的修養，響亮的不是顏色，而是調子與意境，藉由花鳥透露出個人對於人生的感覺。而經過一層一層洗去、提亮再豐富畫面後完成帶有古玉溫潤質感的畫作，以及純粹、專注的創作之路，不正也是同樣的道理嗎？

趙秀煥2011年的繪畫作品〈繽紛霜妍〉，有著宋瓷優雅的質感！

以幽默的態度超越人生
以悲劇的態度透入人生，

　　我從原來做工程師直至碰到趙秀煥老師、轉至藝術的環境中，伙協助趙老師之時、回到國內於畫廊協會擔任祕書長時，乃至成為拍賣官以後，看到了許多藝術家、畫廊老闆，以及藏家的掙扎與甘苦談。聽完了這些甘苦後，我覺得皆符合了趙老師推薦我閱讀的《美學散步》中的概念。此本宗白華的著作啟發了我對人生兩個境界的領悟；回首自己跳tone人生中的轉變，自觀察藏家、畫廊及拍賣公司老闆、藝術家們的狀態也深深地體會了自我的變化，因此更加同意接觸藝術能夠改變人生態度一說。

　　我領會的宗白華人生中的兩個境界，一為一般常人以悲劇的態度透入人生，另一方則是以幽默的態度超越人生。我以為「以悲劇的態度透入人生」是指老百姓的柴米油鹽醬醋茶、常人於接觸社會各層面所產生的掙扎等；人於年輕時甚少針對自己的個性的主觀面進行省思，個性加上後天教育的影響架構成鮮明且獨特的性格，並用以面對社會，以致生成掙扎、痛苦、矛盾、無奈等壓力狀態，而後重新思考則會發現自己過於主觀，只要多站在他人的立場，以對方特別、獨特的性格為出發點思考，或許就能減少掙扎與無奈的情形產生。人就是得於此種過程中成長，尤其經過接觸並觀察藝術領域中藝術家、畫廊老闆、藏家等人的狀態，自身亦會慢慢轉變，並發現人生就是不斷地學習與研究。而後於過程中漸漸地達到了「以幽默的態度超越人生」的境界，其中精髓並不僅只是幽默二字，更是放下與豁達的心境，

自古以來玩玉族為數眾多，玩出功夫來的大有人在，從把玩古玉之中除能獲得對玉材質及沁色的判斷、對雕工及古代琢磨工具工法的認識、對時代造型及紋飾的辨別和對老態包括使用痕跡、土蝕沁鏽及增生物質的了解。且藉由研究與學習的過程能與古代藝者產生共鳴，孕育出他人無法感受到的能量與喜悅，盤玉實際上是一種高雅的精神生活。圖中玉飾為紅山文化的太陽神。

因看得更深、更遠，就不會糾纏於眼前無關緊要的不如意之事，亦不為細枝末節影響心情以致悶悶不樂，使生活及與人相處的方式進而改變。

　　造物者賦予了每個人鮮明、獨特的性格，但於此之外又給予了我們智慧，經歷過一次次的掙扎與痛苦後人們便會長見識，智慧亦會再度超越其上，最終達到完美的平衡，所以才會有本性難移，但是個性能夠調整一說。一旦懂得調整個性時，運就會隨之轉變，而調整的第一步即是看清自己的個性，跳脫我執，使智慧進而調適個性及面對人生的態度，化解可能產生的糾紛或爭吵。或許宗白華所強調的人生境界與我的理解不盡相同，但卻也在此些年的不同經歷之中給予了我調

整自己的機會。

　　藝術家面對畫布無法突破的痛苦、藝術家與畫廊老闆間因合約所生的掙扎、畫商之間的同行競爭壓力、收藏家因盲目無知或衝動之下購買到贗品的深層悲痛，因輕信而錯看合作對象的痛苦經驗，又或懷抱僥倖心理的貪念使我們落入了撿漏的陷阱，經歷上手、上眼、上心，乃至上當的過程等，皆為藝術市場中常見的痛苦，此即以悲劇的態度透入人生。藝術市場實在太讓人長見識了！當經歷過這些，且能夠調整並從中增長知識、常識與見識後，就能夠以幽默的態度超越人生。而其後的美妙境界則可總結於收藏家的心理狀態，尤其大收藏家的平衡狀態實在是令人艷羨的！我何以如此認為呢？實是因為人於接觸藝術以後皆會逐漸成為藏家，藝術家、畫商倉庫中所保存的作品亦使他們同時具有收藏家的身分。因此我於其中20多年，體會到以下四個面向：

（1）欣賞、學習、研究的自在

　　於博物館、美術館及畫廊，抑或拍賣場的預展中觀賞畫作或是上手古玩瓷雜，進入欣賞的狀態，心無旁騖地面對一件出自靈魂的作品，並使此種出自靈魂的高頻正向能量進入自己的靈魂；產生興趣進而研究藝術品，在學習的過程中呈現出一種極其放鬆的狀態，這即是一種自在，能夠化解壓力的自在。

（2）休閒、把玩、交友的輕鬆

　　許多大老闆工作之餘回到家，看著櫃上的藏書與藏品研究、把玩，沉浸於休閒的輕鬆狀態之中，先前的煩惱反而因此迎刃而解。我也是如此體會到把玩高古玉的樂趣的，從一開始懵懵懂懂、以有限的預算瞎買，到經過一次次撞牆、看書研究、學習，更甚與藏家交友，從中聽取經驗，體會美學素養，切磋藏品，這就是休閒、把玩、交友

的輕鬆。

（3）尋覓、撿漏、獲得的喜悅

　　學習、研究是一種尋寶的過程，人人都說潘家園、藏寶樓、地攤上撿不到東西，但為何咱們仍撿呢？當然還是有的，只是自身眼力是否到達足夠的高度、是否有學習、研究的精神，唯有如此才得以享受撿漏所獲得的樂趣，反之，假使受到貪念影響即容易掉入撿漏的陷阱中。古董界常說不是人找東西，而是東西找人，學習到某種地步就會產生找到心儀藏品的期待，孕育出他人無法感受到的能量與喜悅。

（4）增值、傳家、奉獻的樂趣

　　因為太喜歡某樣藏品忘了賣或捨不得賣，而產生了增值的效果，再加上隨著經濟的發展、區域的變化，中國大陸現在愈來愈富強，其內拍場也相繼到台灣徵集拍品，許多藝術品都達到十倍，甚至百倍的成交價，可見藏家的能量是難以解釋的；傳家的樂趣則是來自於藏家父母與子女因喜愛作品而產生的交流。而奉獻的樂趣則是指某些藏家有系統地收藏某些精品，並於身後將之捐予美術館，不僅使自身成為知名的收藏家，更達到傳世的永恆。

　　在藝術市場中，藏家的心理與個人狀態代表的是接觸藝術的某種境界與樂趣，而此種樂趣卻可以使人於智慧的調整、平衡之下，達到以幽默的態度超越人生的狀態，藉由接觸藝術的收藏活動，逐漸不為無謂的瑣事煩心，健康、輕鬆、喜悅、自在繼之而生，亦即為宗白華所說的「精神家園」。人生滋味自然就在情理之中！

國家圖書館出版品預行編目（CIP）資料

陸潔民藝術收藏投資六講 / 陸潔民著.
-- 初版. -- 臺北市：藝術家, 2013.10
188面；24×17.1公分

ISBN 978-986-282-111-4（平裝）

1.藝術市場　2.蒐藏　3.投資

489.7　　　　　　　　　　102019244

陸潔民藝術收藏投資六講

收藏是深度的欣賞
投資是深度的收藏

陸潔民 著

發行人｜何政廣
總編輯｜王庭玫
美編｜王孝嫄
出版者｜藝術家出版社
台北市金山南路(藝術家路)二段165號6樓
TEL：（02）2388-6715
FAX：（02）2396-5707
郵政劃撥：50035145 藝術家出版社帳戶

全省總經銷｜時報文化出版企業股份有限公司
桃園縣龜山鄉萬壽路二段351號
TEL：（02）2306-6842
製版印刷｜新豪華彩色製版印刷股份有限公司
初版｜2013年10月
再版｜2016年 5月
三版｜2019年 8月
定價｜新臺幣380元

ISBN 978-986-282-111-4（平裝）

法律顧問蕭雄淋